适合5～6岁

[英] 艾莉森·佩奇（Alison Page）
黛安·莱文（Diane Levine） 著

赵婴 樊磊 刘畅 郭嘉欣 刘桂伊 译

牛津给孩子的信息科技通识课

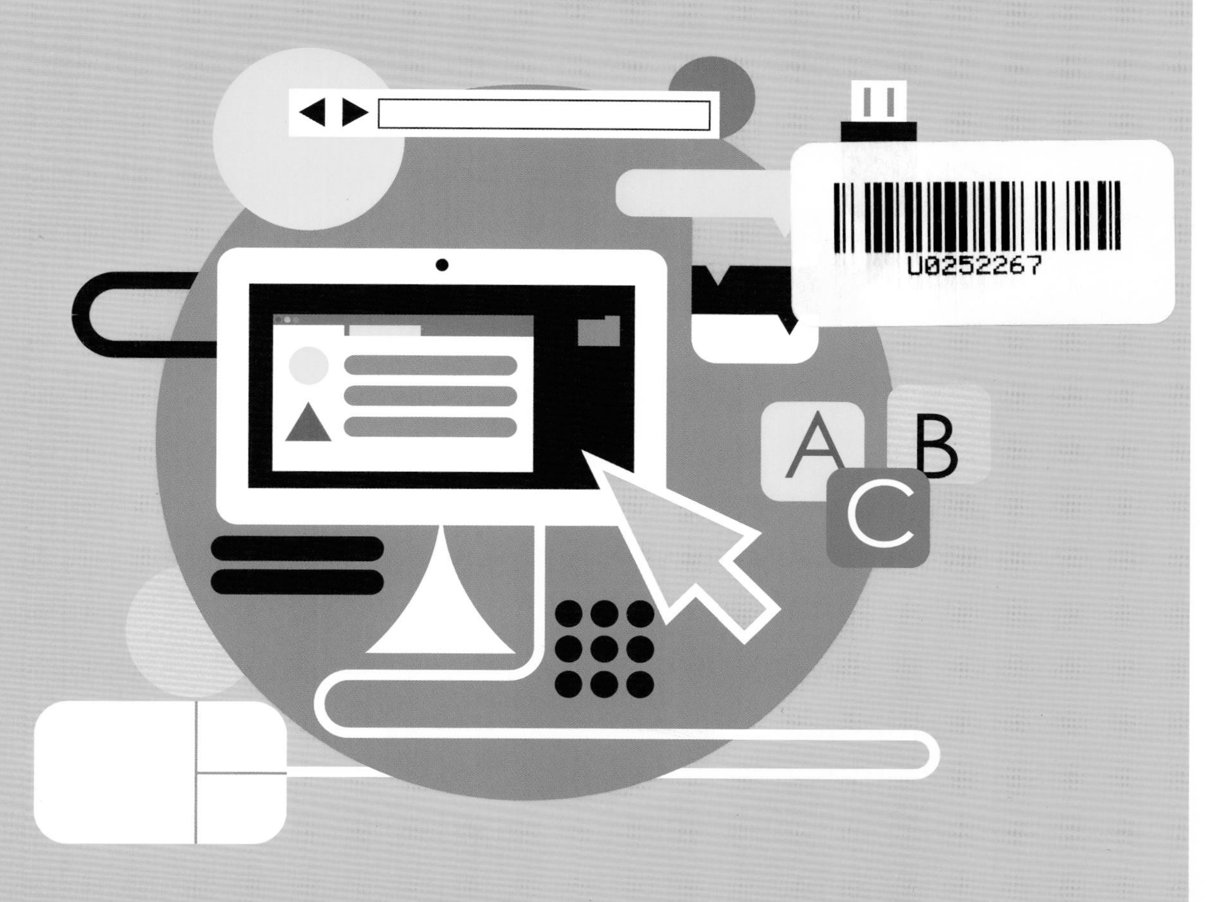

清華大學出版社
北 京

内 容 简 介

新版《牛津给孩子的信息科技通识课》共9册，旨在向5～14岁的学生传授重要的计算思维技能，以应对当今的数字世界。本书是其中的第1册。

本书共6单元，每单元包含循序渐进的6部分教学环节和一个自我测试。教学环节包括学习目标、学习内容、课堂活动、额外挑战和更多探索等。自我测试包括一定数量的测试题和以活动方式提供的操作题，读者可以自测本单元的学习成果。第1单元介绍计算机基础知识；第2单元介绍如何在网络上查找、获取信息；第3单元介绍Scratch及其界面；第4单元介绍如何用Scratch编写程序，并对程序进行修改；第5单元介绍如何在计算机上绘制简单图形；第6单元介绍电子表格的基础知识。

本书适合5～6岁的学生，可以作为培养学生IT技能和计算思维的培训教材，也适合学生自学。

北京市版权局著作权合同登记号　图字：01-2021-6581

图书在版编目（CIP）数据

牛津给孩子的信息科技通识课．1 /（英）艾莉森•佩奇（Alison Page），（英）黛安•莱文（Diane Levine）著；赵婴等译．—北京：清华大学出版社，2024.9

ISBN 978-7-302-60972-8

Ⅰ．①牛…　Ⅱ．①艾… ②黛… ③赵…　Ⅲ．①计算方法－思维方法－青少年读物　Ⅳ．① O241-49

中国版本图书馆CIP数据核字(2022)第089509号

责任编辑：袁勤勇
封面设计：常雪影
责任校对：李建庄
责任印制：沈　露

出版发行：清华大学出版社
网　　址：https://www.tup.com.cn，https://www.wqxuetang.com
地　　址：北京清华大学学研大厦A座　　**邮　　编：**100084
社 总 机：010-83470000　　**邮　　购：**010-62786544
投稿与读者服务：010-62776969，c-service@tup.tsinghua.edu.cn
质 量 反 馈：010-62772015，zhiliang@tup.tsinghua.edu.cn
印 装 者：小森印刷（北京）有限公司
经　　销：全国新华书店
开　　本：210mm×260mm　　**印　　张：**7　　**字　　数：**99千字
版　　次：2024年9月第1版　　**印　　次：**2024年9月第1次印刷
定　　价：59.00元

产品编号：089940-01

序言

2022年4月21日，教育部公布了我国义务教育阶段的信息科技课程标准，我国在全世界率先将信息科技正式列为国家课程。“网络强国、数字中国、智慧社会”的国家战略需要与之相适应的人才战略，需要提升未来的建设者和接班人的数字素养和技能。

近年，联合国教科文组织和世界主要发达国家都十分关注数字素养和技能的培养和教育，开展了对信息科技课程的研究和设计，其中不乏有价值的尝试。《牛津给孩子的信息科技通识课》是一套系列教材，经过多国、多轮次使用，取得了一定的经验，值得借鉴。该套教材涵盖了计算机软硬件及互联网等技术常识、算法、编程、人工智能及其在社会生活中的应用，设计了适合中小学生的编程活动及多媒体使用任务，引导孩子们通过亲身体验讨论知识产权的保护等问题，尝试建立从传授信息知识到提升信息素养的有效关联。

首都师范大学外国语学院赵婴教授是中外教育比较研究者；首都师范大学教育学院樊磊教授长期研究信息技术和教育技术的融合，是普通高中信息技术课程课标组和义务教育信息科技课程课标组核心专家。他们合作翻译的该套教材对我国信息科技课程建设有参考意义，对中小学信息科技课程教材和资源建设的作者有借鉴价值，可以作为一线教师的参考书，也可供青少年学生自学。

熊璋

2024年5月

译者序

2014年，我国启动了新一轮课程改革。2018年，普通高中课程标准（2017年版）正式发布。2022年4月，中小学新课程标准正式发布。新课程标准的发布，既是顺应智慧社会和数字经济的发展要求，也是建设新时代教育强国之必需。就信息技术而言，落实新课程标准是中小学教育贯彻“立德树人”根本目标、建设“人工智能强国”及实施“全民全社会数字素养与技能”教育的重要举措。

在新课程标准涉及的所有中小学课程中，信息技术（高中）及信息科技（小学、初中）课程的定位、目标、内容、教学模式及评价等方面的变化最大，涉及支撑平台、实验环境及教学资源等课程生态的建设最复杂，如何达成新课程标准的设计目标成为未来几年我国教育面临的重大挑战。

事实上，从全球教育视野看也存在类似的挑战。从2014年开始，世界主要发达国家围绕信息技术课程（及类似课程）的更新及改革都做了大量的尝试，其很多经验值得借鉴。此次引进翻译的《牛津给孩子的信息科技通识课》就是一套成熟的且具有较大影响的教材。该套教材于2014年首次出版，后根据英国课程纲要的更新，又进行了多次修订，旨在帮助全球范围内各个国家和背景的青少年学生提升数字化能力，既可以满足普通学生的计算机学习需求，也能够为优秀学生提供足够的挑战性知识内容。全球任何国家、任何水平的学生都可以随时采用该套教材进行学习，并获得即时的计算机能力提升。

该套教材采用螺旋式内容组织模式，不仅涵盖计算机软硬件及互联网等技术常识，也包括算法编程、人工智能及其在社会生活中的应用等前沿话题。教材强调培养学生的技术责任、数字素养和计算思维，完整体现了英国中小学信息技术教育的最新理念。在实践层面，教材设计了适合中小学生的编程活动及多媒体使用任务，还以模拟食品店等形式让孩子们亲身体验数据应用管理和尊重知识产权等问题，实现了从传授信息知识到提升信息素养的跨越。

该套教材所提倡的核心观念与我国信息技术课标的要求十分契合，课程内容设置符合我国信息技术课标对课程效果的总目标，有助于信息技术类课程的生态建设，培养具有科学精神的创新型人才。

他山之石，可以攻玉。此次引进的《牛津给孩子的信息科技通识课》为我国5～14岁的学生学习信息技术、提高计算思维提供了优秀教材，也为我国中小学信息技术教育提供了借鉴和参考。

在本套教材中，重要的术语和主要的软件界面均采用英汉对照的双语方式呈现，读者扫描二维码就能看到中文界面，既方便学生学习信息技术，也帮助学生提升英语水平。

本套教材是5~14岁青少年学习、掌握信息科技技能和计算思维的优秀读物，既适合作为各类培训班的教材，也特别适合小读者自学。

本套教材由赵婴、樊磊、刘畅、郭嘉欣、刘桂伊翻译。书中如有不当之处，敬请读者批评指正。

译者

2024年5月

前言

向青少年学习者介绍计算思维

《牛津给孩子的信息科技通识课》是针对5~14岁学生的一个完整的计算思维训练大纲。遵循本系列课程的学习计划，教师可以帮助学生获得未来受教育所需的计算机使用技能及计算思维能力。

本书结构

本书共6单元，针对5~6岁的学生。

1. **技术的本质**：介绍计算机是什么及计算机如何为人们提供帮助。
2. **数字素养**：学会安全使用计算机。
3. **计算思维**：思考如何控制计算机。
4. **编程**：编写和运行程序。
5. **多媒体**：使用计算机绘制图形。
6. **数字和数据**：使用计算机输入数字。

你会在每个单元中发现什么

- 简介：线下活动和课堂讨论帮助学生开始思考问题。
- 课程：6课程引导学生进行活动式学习。
- 测一测：测试和活动用于衡量学习水平。

你会在每课中发现什么

每课的内容都是独立的，但所有课程都有共同点：每课的学习成果在课程开始时就已确定；学习内容既包括技能传授，也包括概念阐释。

活动 每节课都包括一个学习活动。

额外挑战 让学有余力的学生得到拓展的活动。

再想一想 检测学生理解程度的测试题。

附加内容

你也会发现贯穿全书的如下内容：

词云图 词汇云聚焦本单元的关键术语，以扩充学生的词汇量。

创造力 对创造性和艺术性任务的建议。

探索更多 可以带出教室或带到家里完成的附加任务。

未来的数字公民 在生活中负责任地使用计算机的建议。

词汇表 关键术语在正文中首次出现时都显示为彩色，并在本书最后的词汇表中进行阐释。

评估学生成绩

每个单元最后的“测一测”部分用于对学生成绩进行评估。

- 进步：肯定并鼓励学习有困难但仍努力进取的学生。
- 达标：学生达到了课程方案为相应年龄组设定的标准。大多数学生都应该达到这个水平。
- 拓展：认可那些在知识技能和理解力方面均高于平均水平的学生。

测试题和活动按成绩等级进行颜色编码，即红色代表“进步”，绿色代表“达标”，蓝色代表“拓展”。自我评估有助于学生检验自己的进步。

软件使用

建议本书读者用Scratch进行编程。对于其他课程，教师可以使用任何合适的软件，例如Microsoft Office、谷歌Drive软件、LibreOffice、任意Web浏览器。

资源文件

你会在一些页中看到这个符号，它代表其他辅助学习活动的可用资源，例如Scratch编程文件和可下载的图像。

可在清华大学出版社官方网站www.tup.tsinghua.edu.cn上下载这些文件。

目录

本书知识体系导读

牛津给孩子的信息科技通识课 1 适合5～6岁学生

1. 计算机是什么，如何为人们提供帮助
   - 计算机是什么，它由哪些部件组成
   - 安全使用计算机
   - 在家里使用计算机
   - 在学校使用计算机
   - 在校内外使用计算机的不同方式
   - 使用计算机时要有礼节

2. 如何在网络上查找、获取信息
   - 网页是什么，如何看网页
   - 如何寻找网页
   - 如何搜索信息
   - 如何浏览网页
   - 看到令你担忧的信息怎么办
   - 如何安全使用互联网

3. 用程序控制计算机
   - Scratch基础
   - Scratch舞台
   - 用鼠标和键盘进行输入
   - Scratch的输出
   - 输入和输出的含义
   - 用Scratch编写刺猬游戏

4. 用Scratch编写和运行程序
   - 认识积木块
   - 什么是角色
   - 改变造型
   - 添加角色
   - 如何找到新积木块
   - Scratch的语音输出

5. 在计算机上绘制简单图形
   - 画布
   - 绘制形状
   - 擦除与撤销
   - 保存工作供以后使用
   - 找回文件
   - 移动和交换图形

6. 使用计算机处理数据
   - 用数字管理旧玩具
   - 电子表格和单元格
   - 电子表格和标签
   - 表格的制作
   - 在电子表格中输入数值
   - 在电子表格中编辑数值

本书使用说明

技术的本质：日常生活中的计算机

你将学习：

- 计算机是什么；
- 我们用计算机能够做什么；
- 计算机如何帮助我们。

计算机是日常生活的一部分。在这个单元中，你将学习计算机是什么，学会如何利用计算机帮助自己，学会如何在使用计算机时保持安全。

谈一谈

你见过计算机吗？计算机是什么样子的？你有没有用过计算机？你用计算机做过什么呢？

学习成果：说说计算机是什么，在校内和校外用计算机可以做哪些事情。

课堂活动

当你在学校使用计算机时，怎么能保持安全和快乐?制定一条在学校使用计算机的黄金规则。

把你的规则做成一张海报。

计算机　鼠标　屏幕　键盘
笔记本计算机　礼貌　技术

你知道吗?

有人认为第一台计算机是算盘。算盘是2500多年前在巴比伦发明的[①]。算盘是一种计数工具。

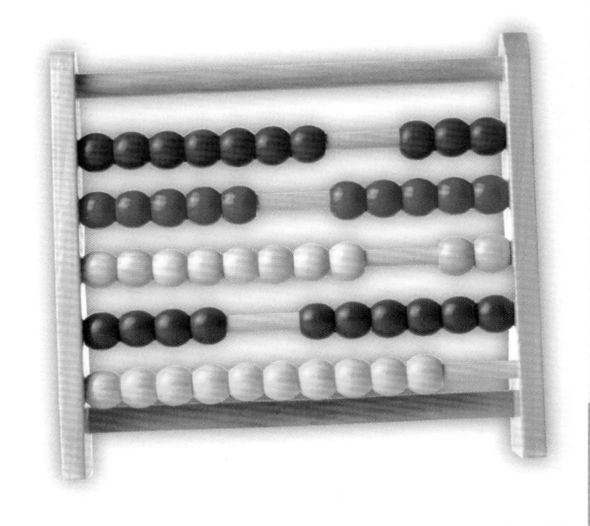

① 译者注：这种算盘不同于中国的算盘。中国的算盘是古代中国对世界文明的重大贡献之一。

1.1 技术是什么

本课中

你将学习：

→ 计算机如何能帮助我们。

技术体现在我们用来解决问题的所有机器中。

计算机是一种机器。

计算机可以快速地做事。

人们可以对计算机下达指令。

我们可以利用计算机来帮助我们……

计算机的各部分

一台计算机有不同的部件。

这台计算机看起来不一样。它是一台**笔记本计算机**。

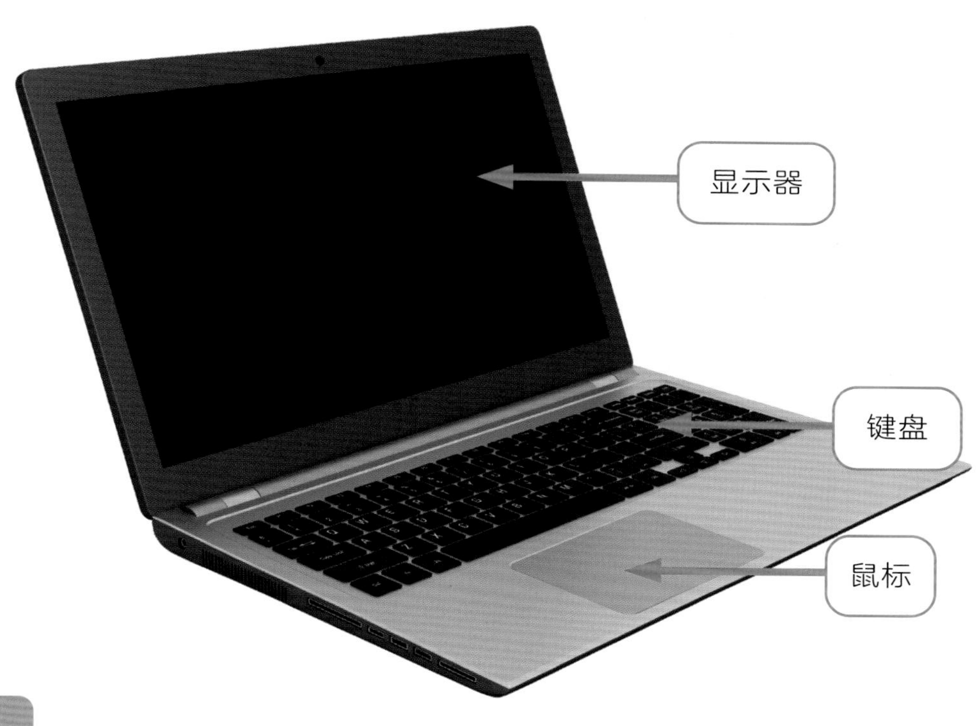

画一张计算机的图。图中要展示：

- 显示器；
- 鼠标；
- 键盘。

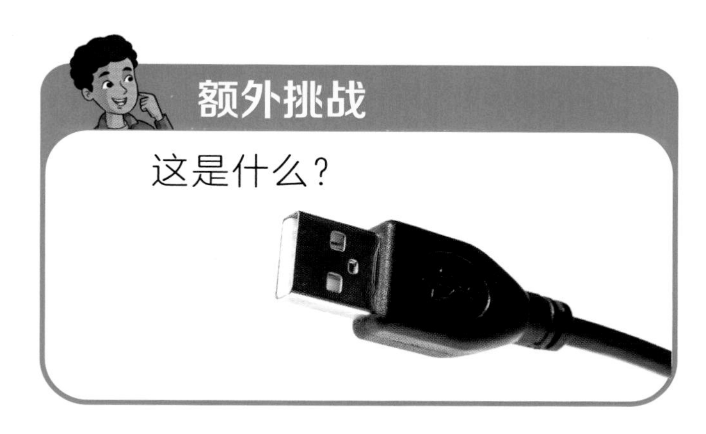

和家里的人谈谈他们使用的技术。绘制一个图片，并把你的图片带到学校。

1.2 保持安全

本课中

你将学习：

→ 如何在使用计算机时保证安全。

这个女孩正在使用计算机。计算机附近没有食物或饮料。这个女孩坐在椅子上。她能看见**屏幕**。她会用**鼠标**。她能触摸到**键盘**。

键盘上有按钮。

在按钮上可以看到什么？可以看到字母、数字和符号吗？

再想一想

你的键盘和图中一样吗？什么是相同的？有什么不同？

活动

这些孩子使用计算机的方式有什么问题吗？

额外挑战

这些孩子正在愉快地分享、交流。他们做些什么才能更安全？

1.3 家庭中的计算机

本课中

你将学习：

➔ 人们在家里如何使用计算机。

我们试着问问校外的人，他们是如何使用计算机的。他们说什么？

我用计算机查资料。

我用计算机玩游戏。

我用计算机工作。

我们用计算机和家里人交谈。

活动

画一幅你可以在校外用计算机做的一件事的图。

例如，画一张汽车的图片，把图片给你的老师。

额外挑战

在校外用计算机还能做什么呢？

再想一想

长大后你会如何使用计算机呢？

1.4 校园中的计算机

本课中

你将学习：

→ 人们在学校如何使用计算机。

在学校里，人们以不同的方式使用计算机。

班主任用计算机写信。

学校图书管理员利用计算机对图书的借与还进行检查。

孩子们使用计算机来帮助自己学习。

办公室职员使用计算机来帮助管理学校。

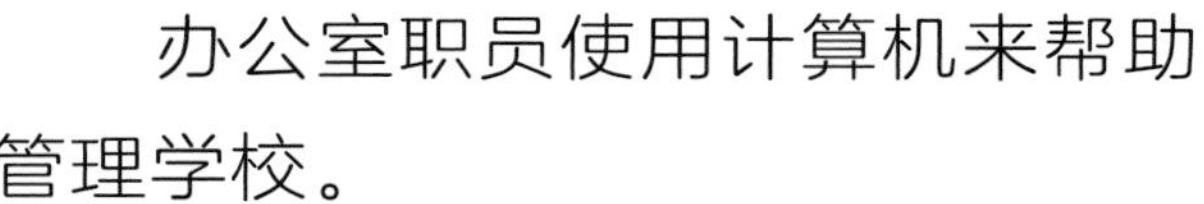

活动

和一些同学在学校里走走。

问问你遇到的人是如何使用计算机的。

画出人们在学校使用计算机的方式。

再想一想

你认为计算机如何使成年人更容易在学校里完成工作？

额外挑战

写一句关于成年人在学校使用计算机的方法。

未来的数字公民

你认为自己成年后会不会在工作中使用计算机？

1.5 家庭和学校

本课中

你将学习：

➔ 如何比较人们在学校内外使用计算机的方式。

在一个小组中，在一张大纸上画一个大圆，就像这样：

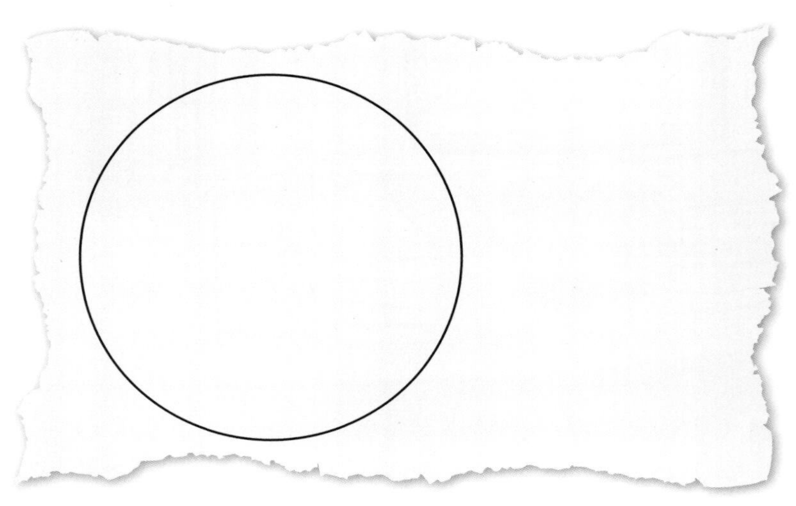

现在像这样画另一个大圆：

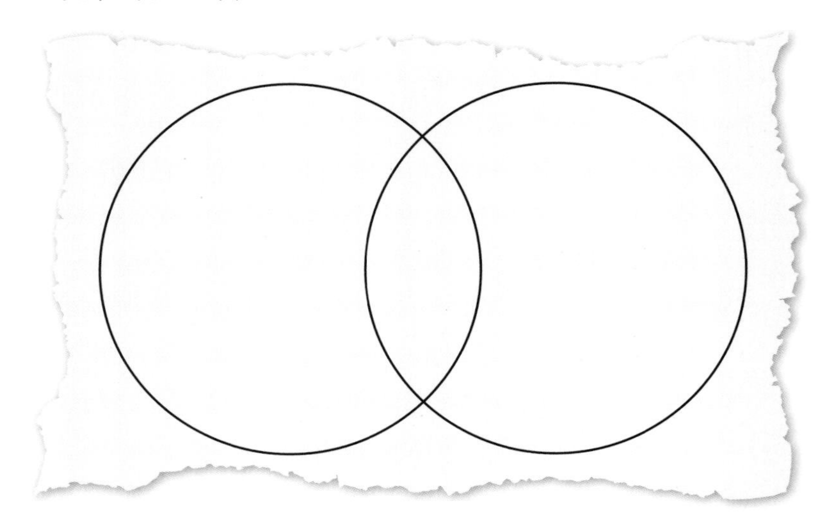

看看你画的人们使用计算机的图片。

把所有在校外使用计算机的人的图片放在一个圆圈里。

把所有在学校里使用计算机的人的图片放在另一个圆圈里。

人们在校内如何使用计算机？

人们在校外如何使用计算机？

额外挑战

哪些图片适合放在两个圆的中间？

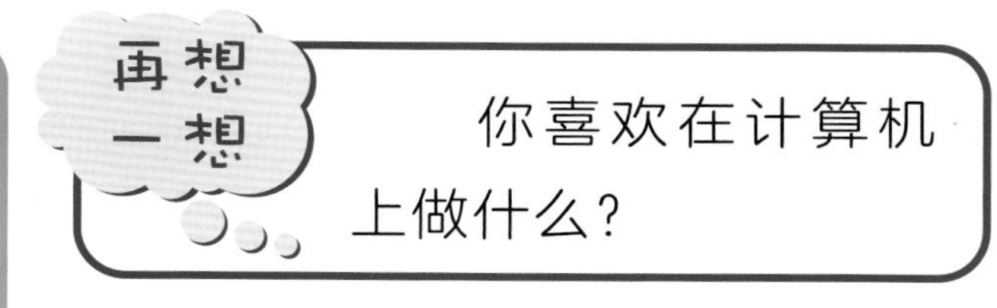

再想一想

你喜欢在计算机上做什么？

1.6 知礼节

本课中

你将学习：

→ 如何做到使用计算机时，为他人着想。

有时人们用计算机做错误的事情。

当我们使用计算机时，我们要**知礼节**。知礼节意味着有礼貌，为别人着想。

活动

分组讨论假如遇到下图中的情况，你会怎么做：

有人给你发了一条让你不开心的短信。

你认识的人会在你跟他们说话的时候接电话。

两个人在为一台计算机争吵。

有人给你发了一条带有愤怒表情的消息。

未来的数字公民

当我们使用计算机进行交流时，我们要想象着是在跟对方面对面交流，这样才知道说什么话合适。

额外挑战

你用计算机的时候有没有出过问题？你有什么问题？你是怎么解决的？

测一测

你已经学习了：

➔ 什么是计算机；

➔ 我们用计算机能做什么；

➔ 计算机如何帮助我们。

测试

用展示或告诉的方式回答下列问题。

1. 你能够安全使用计算机吗？展示或告诉老师。
2. 说出成年人可能在校外使用计算机的一种方式。
3. 说出计算机如何帮助人们。

1. 画一幅画：

- 一个显示器；
- 一个键盘；
- 一个鼠标。

2. 把计算机部件的名称写在你的图片上。

自我评估

- 我回答了测试题1。
- 我可以在学校使用计算机。
- 我回答了测试题1和测试题2。
- 我做了活动1。
- 我回答了所有的测试题。
- 我做了活动1和活动2。

重读本单元中你不确定的部分，再次尝试测试题和活动，这次你能做得更多吗？

数字素养：雨林

你将学习：

- 如何使用计算机发现一些东西；
- 在计算机机房里要安全和有礼貌；
- 如果你感到担忧，谁可以帮助你。

在本单元中，你将通过互联网了解亚马孙雨林。当你使用计算机和互联网时，你将学会如何保证安全和快乐。

你还将制作一张海报来分享关于雨林的信息。

谈一谈

你住在什么样的地方？

是森林吗？是沙漠吗？是城镇吗？

学习成果：使用计算机发现一些信息；在计算机机房里要保证安全、有礼貌；如果你感到担忧，说出谁能帮你。

课堂活动

亚马孙雨林位于南美洲。雨林很大！流经森林的长河是亚马孙河。雨林对我们整个星球都很重要。许多植物和动物生活在雨林中。

有些人不爱护雨林。

看一看雨林的图片。你看到了什么让你感兴趣呢？

互联网　网页
网站　超链接
浏览器　内容
菜单　搜索引擎
滚动

你知道吗？

亚马孙雨林分布在9个不同的国家。

2.1 看一看网页

本课中

你将学习：

→ 网页是什么。

什么是网页

全世界的计算机都是连接在一起的。我们把这些相连的计算机称为**互联网**。

人们制作**网页**。使用互联网，你可以查看人们制作的网页。

老师会帮你打开网页。下面是一个例子。你的网页可能会有所不同。

滚动

这个网页有很多图片。你不能一下子看到所有图片。**滚动**是浏览大页面的一种方式。转动鼠标上的滚轮，可以滚动网页。

看一个关于雨林动物的网页。

把你在网页上看到的东西画成一幅画。

额外挑战

阅读网页上的任何文字。

写下你在这个网页上发现的东西。

再想一想

如果你可以创建一个任何主题的网页，你会选择什么呢？写下或画出你的答案。

2.2 找一找网页

本课中

你将学习：

➔ 如何查找网页。

Kiddle
Safe visual search engine for kids
tiger
Web
Images
Kimages
News
Videos
Kpedia

你可以找到更多的网页来查看。

一个叫作**搜索引擎**的特殊网页会帮助你找到你喜欢的网页。

老师会帮你打开这个网页：www.kiddle.co。①

在屏幕底部有一个白色的框。在这个框中输入你最喜欢的动物的名字。

这个学生输入："老虎"。

你会看到网页的**链接**。蓝色的词句中包含着链接。如果单击某个链接，就会打开新的网页。

tiger - Search
https://www...
关于老虎的20个信息
在这里找到更多关于老虎的信息……
https://www....
关于老虎
访问我们的网站，了解老虎……
https://www....
有趣的老虎信息
在这里了解关于老虎的信息……
https://www....

① kiddle网站是英文的。插图中的中文是译者为方便读者翻译的。读者也可以打开别的网站。

学生单击“有趣的老虎信息”并看到了这个页面。

活动

找一个你喜欢的动物的网页，并把你发现的东西画成一幅画。

额外挑战

了解更多关于你所喜欢动物的信息。列出和那种动物有关的词汇。

探索更多

单击不同的链接，查看更多网页。把你发现的东西画下来或写下来。

2.3 搜一搜信息

本课中

你将学习：

➔ 如何在网站上找到有用的信息。

网页被组合在一起组成一个**网站**。网站上的功能将帮助你找到你想要的信息。

标题栏显示网页的名称。

菜单就是你可以在网站上选择的信息的列表。

这些是**内容**。内容是我们在互联网上看到或创建的东西。

菜单是什么

你去过餐馆吗?你可以从称为菜单的列表中选择食物和饮料。

网页上的菜单将帮助你选择同一网站上的其他页面。

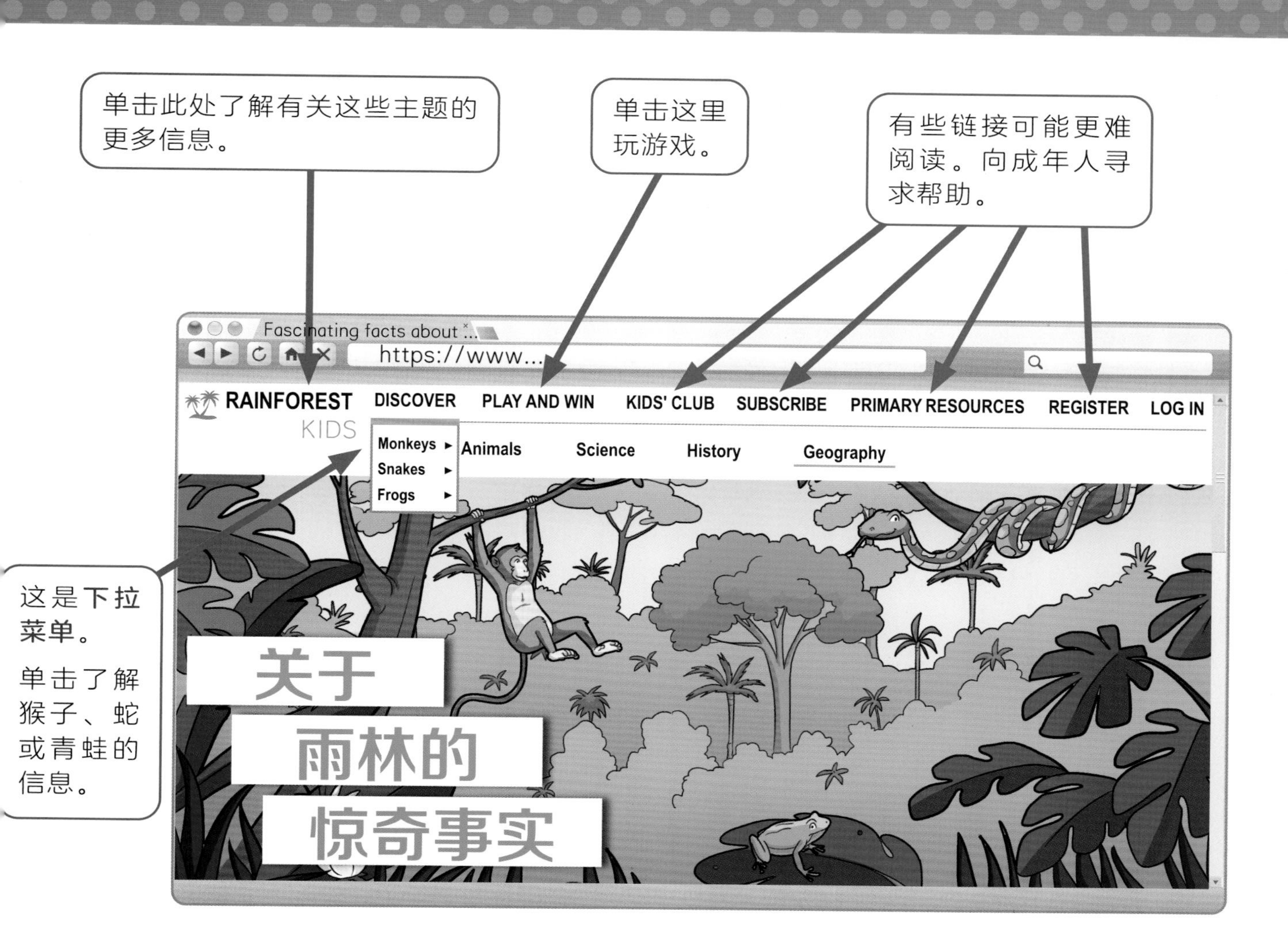

活动

使用搜索引擎。

在搜索框中键入：雨林。

找到一个关于雨林的信息。

创造力

画一张网页的图片。

记住，你需要一个标题栏、一个菜单和一些内容。

额外挑战

利用网站功能了解更多的信息。

再想一想

写下你在这节课中发现的信息。

2.4 用一用浏览器

本课中

你将学习：

→ 如何在网络上浏览。

你用来浏览网页的软件叫作**浏览器**。浏览器的功能将帮助你查看一个网站。

一个网站可以有多个页面。

移动到新网页的一种方法是单击超链接。

超链接是一种**电子链接**，该链接允许你从网站上的一个地方移动到同一网站上的另一个地方，或不同的网站。

超链接可以由字母组成。它们可能带下画线、以**粗体**显示或具有不同的颜色。一张图片也可以是一个超链接。

如何使用链接

看看这个网站。

现在你在屏幕上会看到这个。

Animals in the rainforest

https://www...

在这里！

巨嘴鸟是一种鸟。

如果你愿意，你可以返回。使用浏览器上的箭头按钮，你可以前进和后退。

找出雨林里的一种动物。

使用超链接。

使用前进和后退图标。

怎样做一个好的网站？

额外挑战

找出一个有助于我们保护雨林的方法。

2.5 你会担忧吗

本课中

你将学习：

➔ 如果你对网上看到的东西感到担忧怎么办。

这些孩子正在做一个关于雨林动物的项目。

孩子们单击一个超链接。他们看到一些动物失去家园的照片。

孩子们很担心。他们可以告诉老师或他们信任的成年人。

你可以使用“报告”按钮或单击页面上的“报告”。

“报告”按钮告诉工作人员在网页上有一些可怕的或令人担忧的事情。

活动

制作一张海报，告诉其他孩子，如果他们担心自己在网页上看到的事情该怎么办。

额外挑战

制作一张关于雨林动物的海报。

再想一想

列出一些如果网页上有让你担心的事情你可以告诉的人。

未来的数字公民

如果你的同学告诉你，他们在网上看到了让他们害怕或担心的东西，你会怎么做？

2.6 保证安全

本课中

你将学习：

➔ 如何在使用互联网时保证安全。

互联网就像一个市场或商店，有很多人。

关于你生活的信息叫作**个人信息**。例如，你的名字、你的地址或你的学校是个人信息。

你不能把个人信息告诉商店里的陌生人。在互联网上，你不能与你不认识的人分享个人信息。

个人信息可以是文字。

个人信息可以是图片。

如果有人询问你的个人信息，立刻告诉一个你信任的成年人。

活动

画一幅关于安全上网的图画或写一篇关于安全上网的文章。

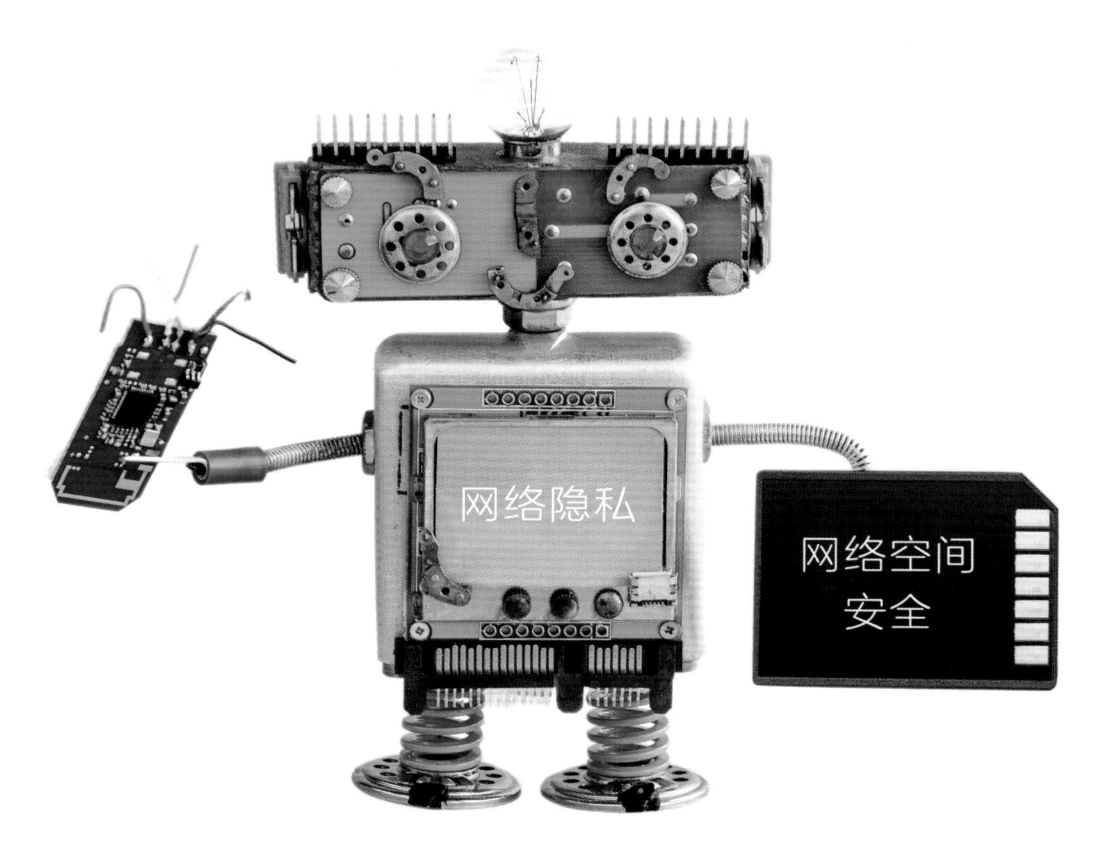

额外挑战

运用你的信息检索技巧，看看有多少人使用互联网。

说出或写下如果有人在网上询问你的个人信息你会怎么做。

测一测

你已经学习了：

- 如何使用计算机查找信息；
- 在计算机机房要保证安全、有礼貌；
- 如果你担心某些事情，谁可以帮助你。

测试

学生在网页上看到了让他们担心的东西。

1. 展示或告诉你会做什么。
2. 写一个成年人的名字，如果你担心某些事情，你可以告诉他。
3. 说一件关于个人信息的事。

活动

1. 看看网页上蝴蝶的图片。
2. 画一幅图来展示你在网页上看到的东西。
3. 写一个关于蝴蝶的有趣的信息。

自我评估

- 我回答了测试题1。
- 我做了活动1。
- 我回答了测试题1和测试题2。
- 我做了活动1和活动2。
- 我回答了所有的测试题。
- 我做了所有的活动。

重新阅读本单元中你不确定的部分，再试一试这些测试题和活动，这次你能做得更多吗？

计算思维：跟随鼠标指针

你将学习：

- ➔ 用鼠标控制计算机；
- ➔ 使用键盘控制计算机；
- ➔ 什么是输入；
- ➔ 看或听计算机输出。

在这个单元里，你将使用计算机，还将使用计算机鼠标。你会让一只猫在屏幕上移动。

课堂活动

计算机**鼠标**长这样。你可以在桌子上移动它。

你以前用过计算机鼠标吗？

画一张图来展示你是如何使用鼠标的。

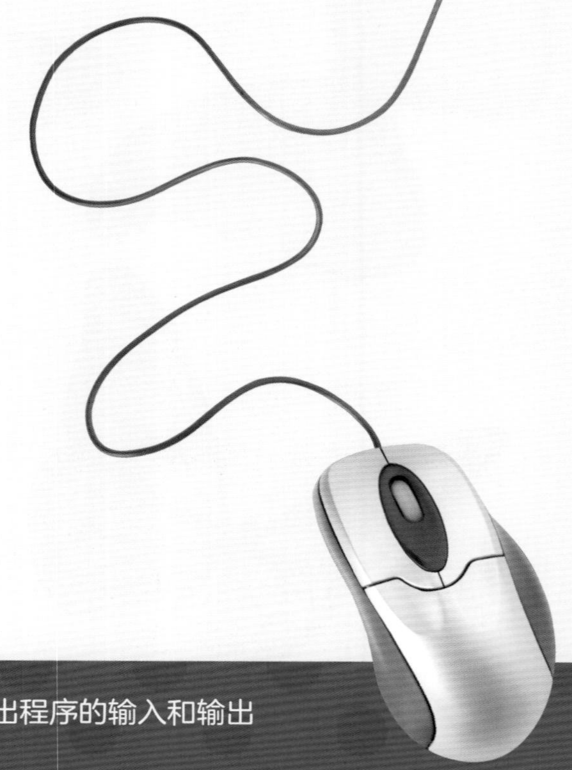

学习成果：运行并使用一个其他人开发的简单程序；说出程序的输入和输出是什么，用来描述这个程序。

输入　输出
Scratch　游戏
鼠标指针

讨论

有些计算机没有鼠标，但是你可以触摸屏幕。你试过吗？

你知道吗？

道格·恩格尔巴特发明了计算机鼠标。他的朋友问他为什么叫它鼠标。他说："因为它看起来像一只有尾巴的小老鼠。"你的鼠标有没有尾巴？

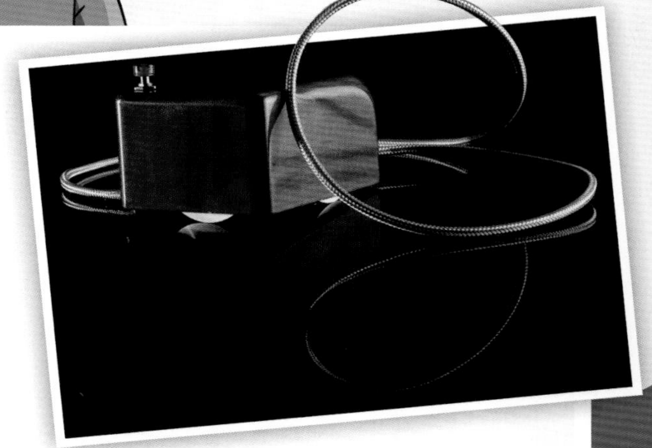

3.1 你好Scratch

本课中

你将学习：

➔ Scratch的知识。Scratch是一种面向儿童的编程语言。

这是Scratch猫。它会帮助你学习。

当你用鼠标单击时，Scratch猫就会走动。Scratch猫在一个区域内走动。这个区域叫作舞台。

活动

你将使用Scratch网站。

https://scratch.mit.edu/projects/editor/

一个程序已经准备好使用。程序告诉Scratch猫动起来。

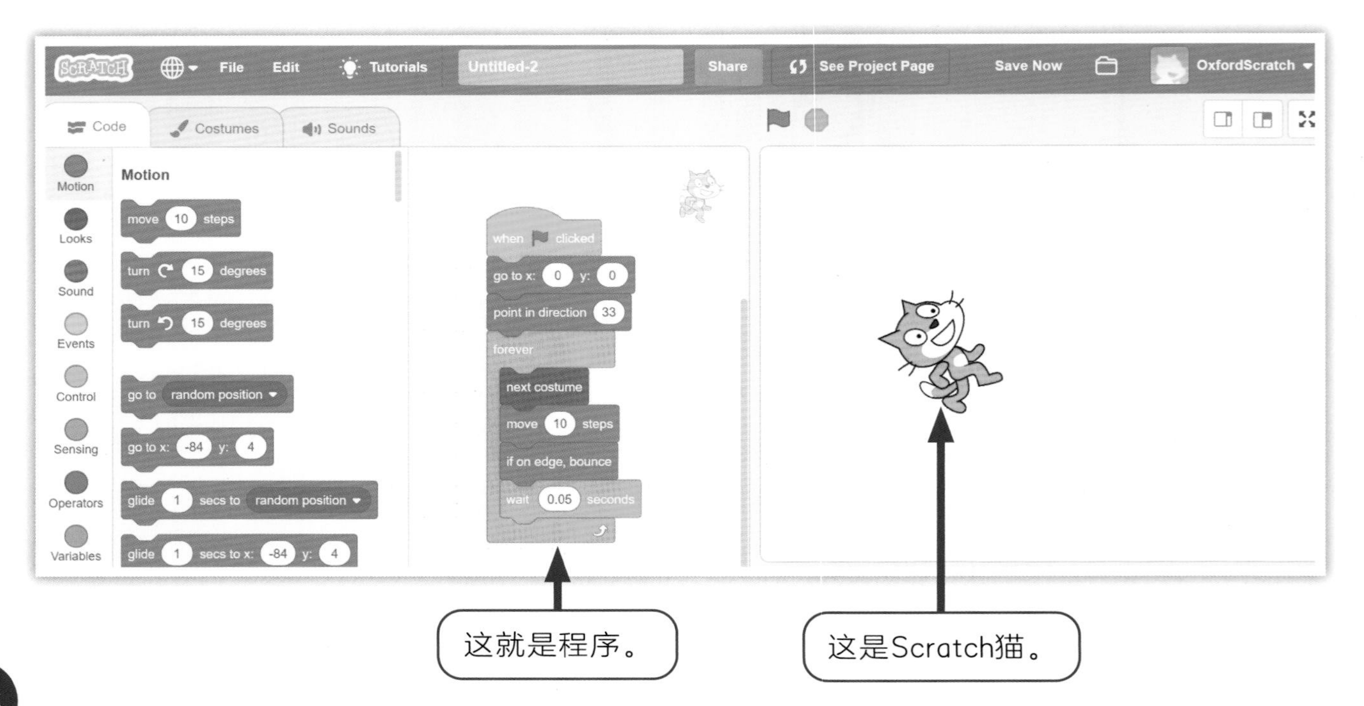

图标是小图片。它们向你展示计算机能做的操作。

要使用图标，请这样做：

1. 将鼠标指针移动到图标上。

2. 单击图标。

舞台顶部有两个图标。它们是这样的。

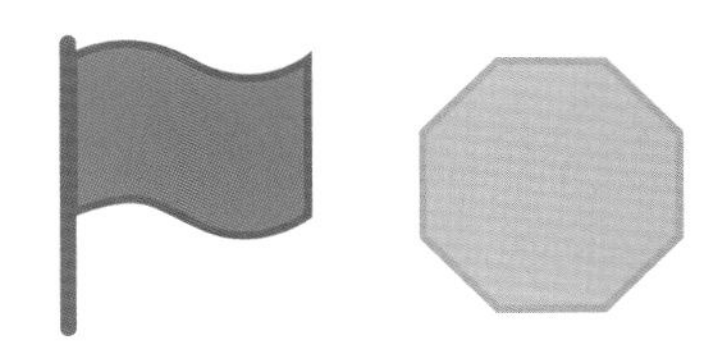

绿色旗帜使程序启动。粉色按钮使程序停止。

1. 将鼠标移动到绿色旗帜上，单击绿色旗帜让Scratch猫行走。

2. 将鼠标移动到粉色按钮上，单击粉色按钮使Scratch猫停止。

再想一想

看看这个程序。程序是由积木块组成的。

第一个积木块的图片是什么？你觉得为什么这个积木块显示的是如下图片？

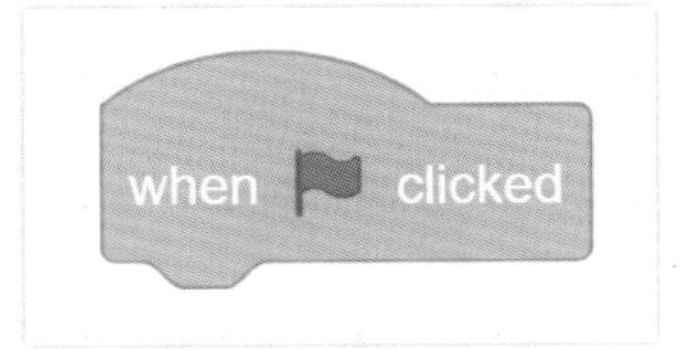

3.2 Scratch舞台

本课中

你将学习：

➔ 如何对Scratch舞台进行更改。

中文界面图

上一课你使用了启动和停止图标。通过单击图标，你可以启动和停止程序。Scratch走上了舞台。在这一课中，你将改变舞台。

活动

你可以改变舞台的大小。

这个图标使舞台变得很大。将鼠标移到图标上，单击鼠标按钮。

这个图标使舞台变小。

单击这个图标，把舞台再做小一点。

活动

你可以改变背景。

舞台上可以有一张图片。这张图片被称为背景。

舞台
背景
这个图标允许你更改背景。

单击此处选择新的背景。

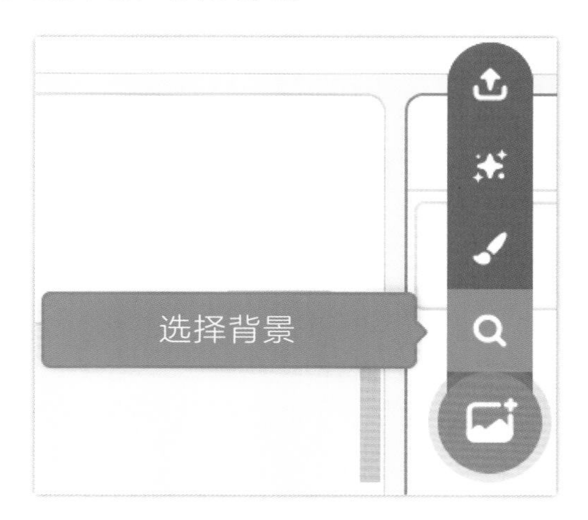

单击任意图片。

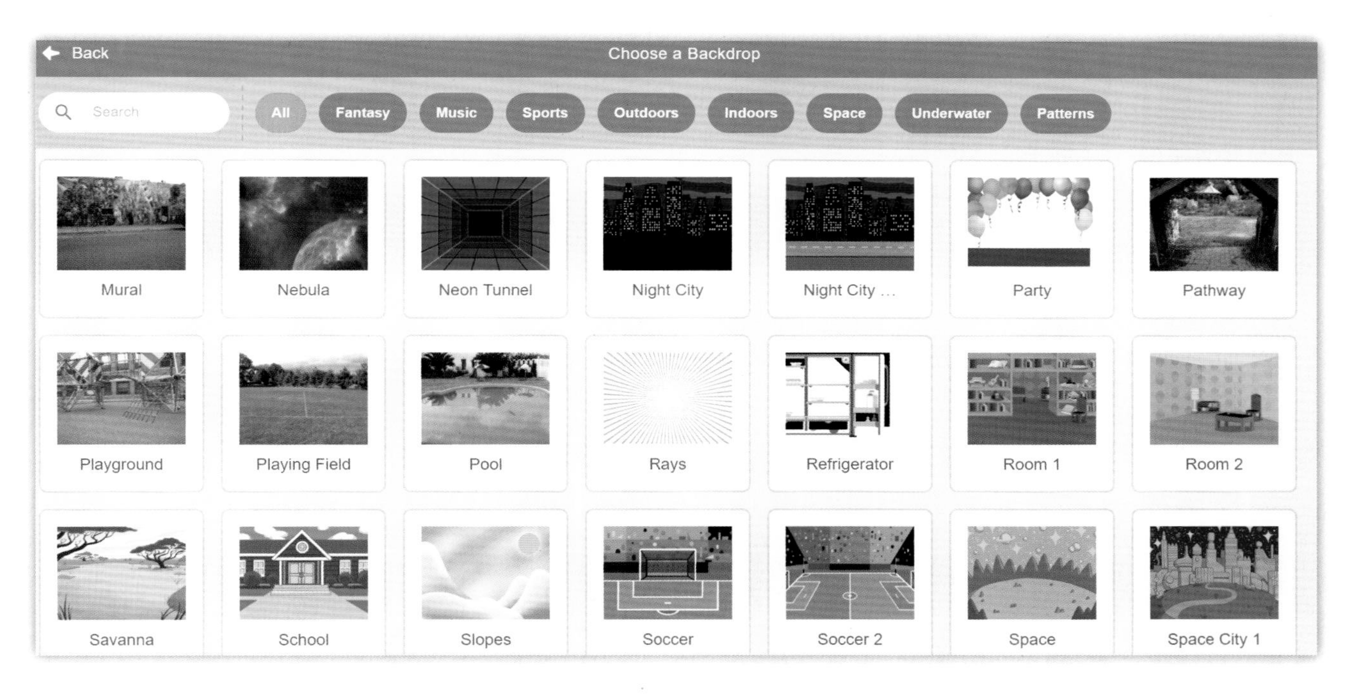

现在的舞台是什么样子的？

创造力

为Scratch想一个新的背景，画一幅画来表达你的想法。

3.3 跟随鼠标指针

本课中

你将学习：

➔ 关于输入的知识。

中文界面图

输入就是你如何控制计算机。你可以用：

- 鼠标；
- 键盘。

鼠标

鼠标指针在屏幕上。

移动鼠标，鼠标指针也会移动。

键盘

你的计算机有键盘。

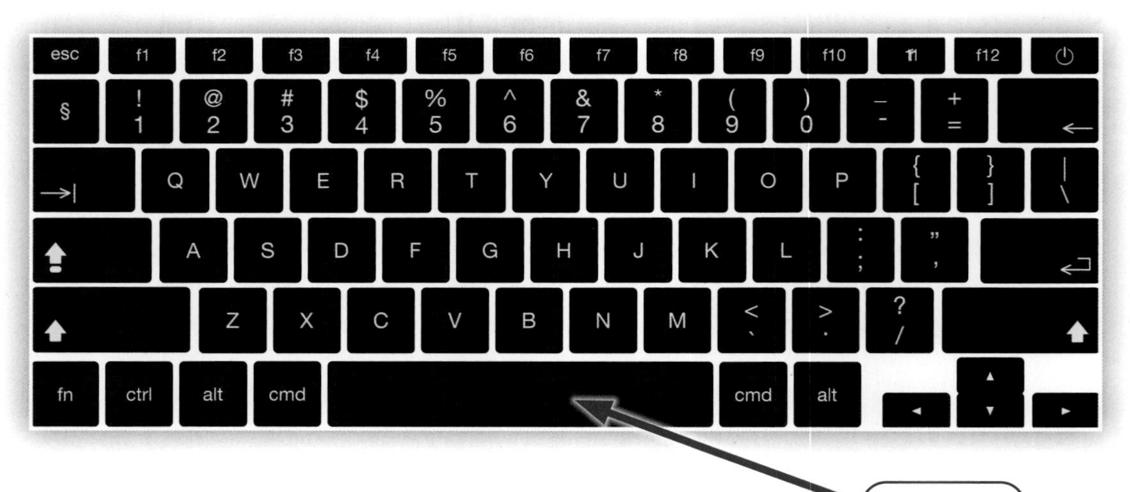

键盘能让你输入字母等。

你可以移动鼠标。按空格键，Scratch猫将开始移动。

移动鼠标指针，Scratch猫会跟随它。

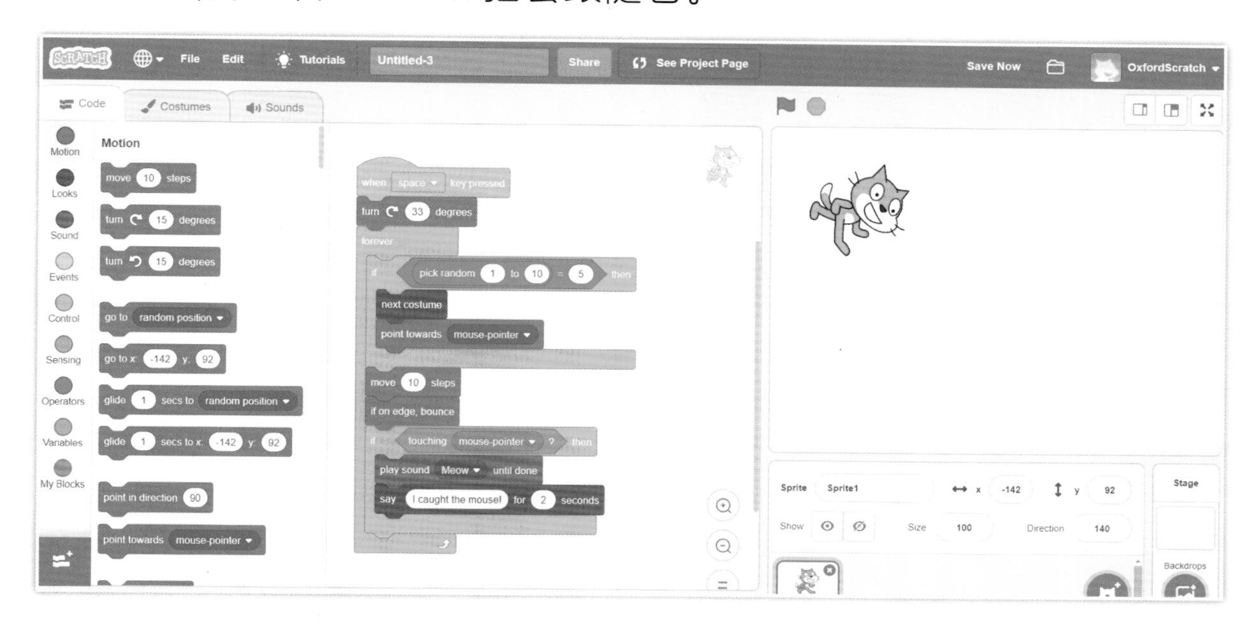

继续移动鼠标指针，不要让Scratch猫追上它。

再想一想

你已经学会了两种控制计算机的方法，画出或写下这两种方式。

3.4 Scratch 能做什么

本课中

你将学习：

➔ 关于输出的知识。

输出来自计算机。计算机生成输出。你可以看到或听到输出。

视觉输出

你可以看到输出。你可以在计算机屏幕上看到输出。

声音输出

你可以听到输出。可以戴耳机听，或者让声音从计算机中直接播放出来。

活动

按空格键，程序开始运行。

Scratch猫会跟随鼠标指针。让Scratch猫跟上鼠标指针。

你在屏幕上看到了什么？你听到了什么？

再想一想 画一画，写一写，展示这个程序的两个输出。

未来的数字公民

当许多孩子使用这个程序时，你的教室里很吵吗？Scratch猫有一声“喵喵”。声音输出可能有噪声。戴耳机听意味着你不打扰任何人。

3.5 思考一下输入和输出

本课中

你将学习：

➔ 输入和输出。

输入就是你控制计算机所做的事情。

输出是计算机输出的东西。计算机生成输出。

你使用的Scratch程序有输入和输出。

活动

你要使用下面计算机部件完成输入：

- 键盘；
- 鼠标。

画一张图来展示这两种输入。

活动

两种输出：

- 视觉输出；
- 声音输出。

画一张图来展示这两种输出。

额外挑战

给图片添加单词标签。怎么能控制程序？

探索更多

不同类型的计算机有不同的输入和输出。

尽可能多地找出不同的输入和输出种类。

创造力

有些人从来没有用过计算机。考虑此类人的情况，给他们写封信，告诉他们你在学校是如何使用计算机的，并画一张图给他们看。

3.6 刺猬游戏

本课中

你将学习：

➔ 使用输入控制计算机。

在这节课中，你将玩一个**游戏**。它被称为刺猬游戏。这个游戏里有两只动物。它们是Scratch猫和刺猬。

- Scratch猫将跟随鼠标指针；
- 刺猬会走来走去。

刺猬是一种刺状动物。如果Scratch猫碰到了刺猬，它会说“哎呀！”

帮助Scratch猫远离刺猬吧。

活动

- 按任意键开始游戏。
- 按空格键让刺猬行走。
- 移动鼠标，让Scratch猫小心移动。

创造力

为刺猬游戏选择一个背景。

再想一想

这个游戏有哪些输入和输出？画出或写下它们。

额外挑战

说说你知道的其他计算机游戏，它们的输入和输出是什么？画出或写下它们。

测一测

你已经学习了：

- ➔ 用鼠标控制计算机；
- ➔ 用键盘控制计算机；
- ➔ 什么是输入；
- ➔ 看或听计算机输出。

测试

这是计算机的一些部件。

鼠标

耳机

屏幕

键盘

1. 指出用于输入的部件。
2. 画出或写出用于输出的任何部件。
3. 画一幅计算机图，包括所有用于输入和输出的部件。

活动

1. 玩刺猬游戏(或计算机上的任何其他游戏)。让你的老师看你在计算机上认真地操控计算机。
2. 告诉老师你做了什么。
3. 告诉老师你是怎么操控计算机的。

自我评估

- 我回答了测试题1。
- 我安静且安全地做了活动1。
- 我回答了测试题1和测试题2。
- 我做了活动1和活动2。
- 我回答了所有的测试题。
- 我做了所有的活动。

重新阅读本单元中你不确定的部分，再试一试这些测试题和活动，这次你能做得更多吗？

未来的数字公民

计算机游戏很有趣，但是不要在上课的时候玩游戏。

编程：玩一玩Scratch

你将学习：

- ➔ 组成程序的积木块的知识；
- ➔ 对程序进行更改。

在本单元中，你将看到一个由积木块组成的程序，学习程序是如何制作的，并对程序进行更改。

课堂活动

Scratch猫是一个**角色**。

在上一个单元中，你添加了一个刺猬角色。

还有很多其他的角色。这里有一些。

你最喜欢哪种角色呢？

学习成果：编写一个程序，并说明将如何改变它的功能。

未来的数字公民

我们经常使用别人制作的程序，但我们也可以做出改变，可以用程序做我们想做的事情。

创造力

想出一个可以和Scratch猫做朋友的新角色，画出新的角色。

你知道吗？

Scratch网站上有教程。如果你想学习额外的技能，请查看教程。

谈一谈

你知道哪些计算机游戏？哪个是你最喜欢的？

4.1 绿色旗帜积木块表示开始

本课中

你将学习：

➔ 启动一个程序。

中文界面图

程序意味着一些指令。指令告诉计算机该做什么。

看这个屏幕，中间是一个程序。程序是由**积木块**组成的。积木块是彼此可以组合在一起的不同形状，每个积木块让计算机做一件事。

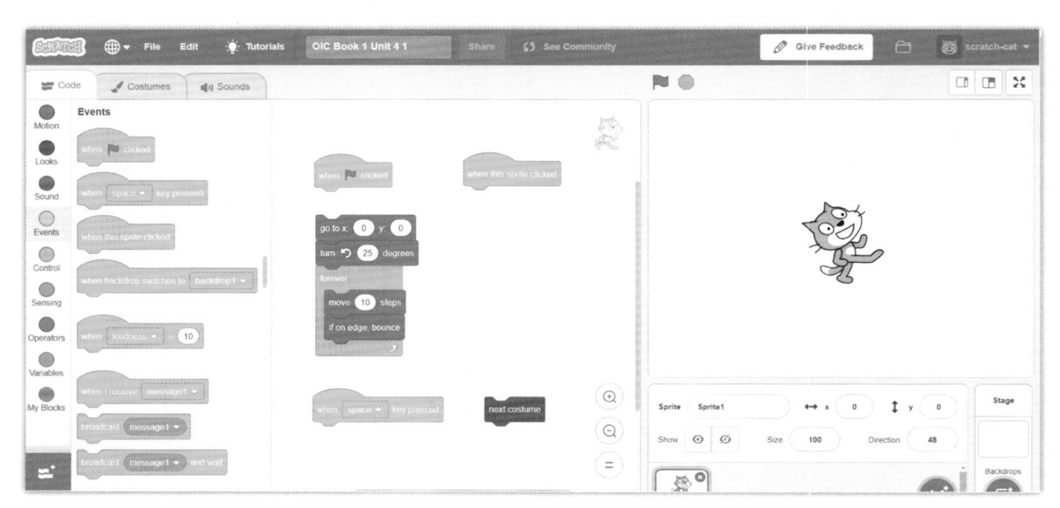

这个积木块告诉计算机启动程序。

它上面有一面绿色旗帜。

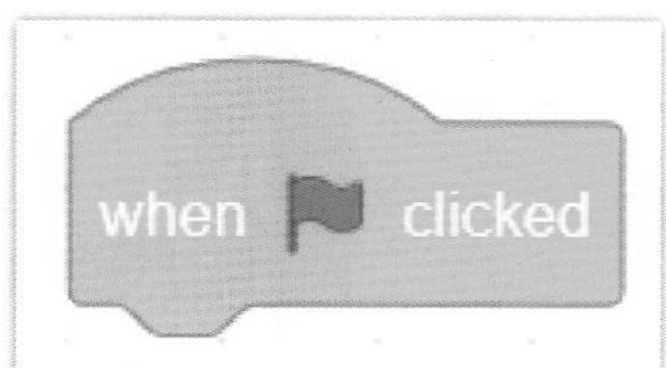

你可以移动积木块，把它们组装在一起。要移动积木块，请执行以下操作：

（1）将鼠标指针移动到积木块上。

（2）用手指持续按住鼠标按钮。

（3）移动鼠标。

积木块也会移动，这称为拖动**积木块**。

当积木块到达正确的位置时，放开鼠标指针，这个积木块将放到新地方，这叫作**拖放**（drag and drop）。

活动

将绿色旗帜块拖到程序中，当它接触到程序时，这些积木块将连接在一起，这就像一个拼图游戏。下面就是程序的样子。

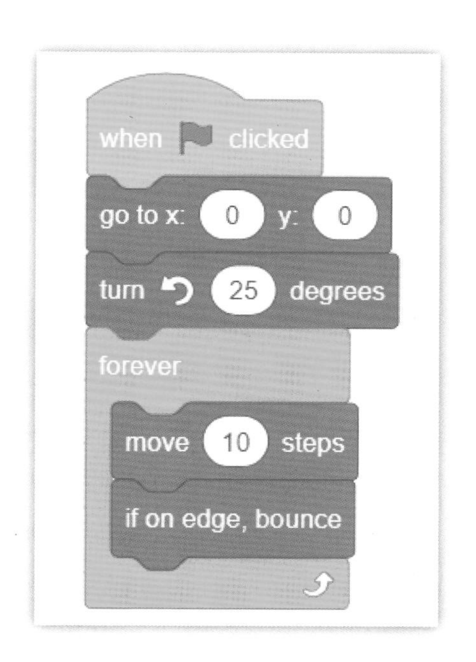
when clicked
go to x: 0 y: 0
turn 25 degrees
forever
move 10 steps
if on edge, bounce

你在程序中加入了绿色旗帜块。

现在单击绿色旗帜，程序将启动，Scratch猫就会到处走动。

额外挑战

你学会了如何给程序添加背景。请给这个程序添加一个背景。

再想一想

说一说这一课你做了什么。你尝试了哪些创新？结果如何？

4.2 什么是角色

本课中

你将学习：

→ 如何让一个程序以新的方式启动；

→ 角色是什么。

中文界面图

角色是屏幕上的图片。程序使角色移动。Scratch猫是一个角色。

程序如下图所示。

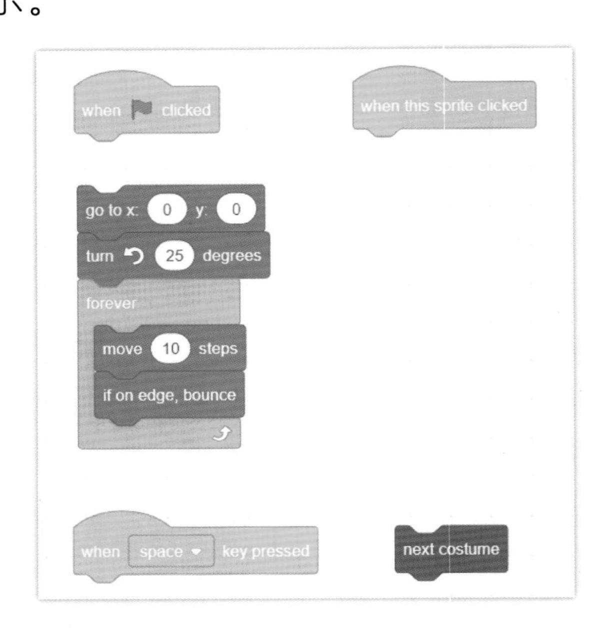
when clicked
when this sprite clicked
go to x: 0 y: 0
turn 25 degrees
forever
move 10 steps
if on edge, bounce
when space key pressed
next costume

有些积木块有一个弯曲的顶部。顶部弯曲的积木块是**启动积木块**。启动积木块使程序启动。

这里有两个启动积木块。

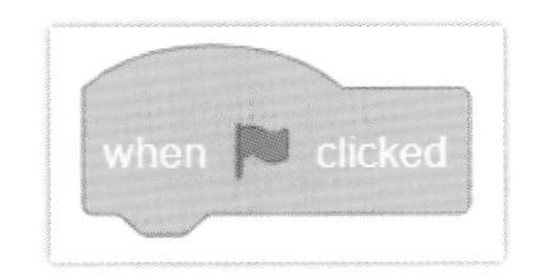
when clicked

when this sprite clicked

一个积木块有绿色旗帜。另一个积木块写着when this sprite clicked（当角色被点击）。

活动

将第二个积木块加入程序。

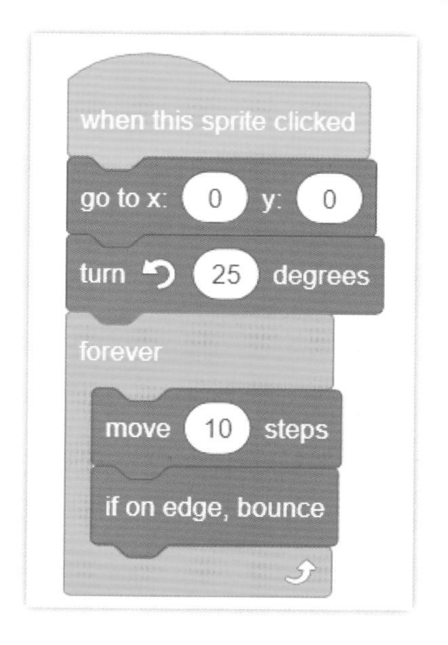
when this sprite clicked
go to x: 0 y: 0
turn 25 degrees
forever
move 10 steps
if on edge, bounce

额外挑战

屏幕上还有另一个启动积木块。你能找到吗？如果使用这个启动积木块，会发生什么？

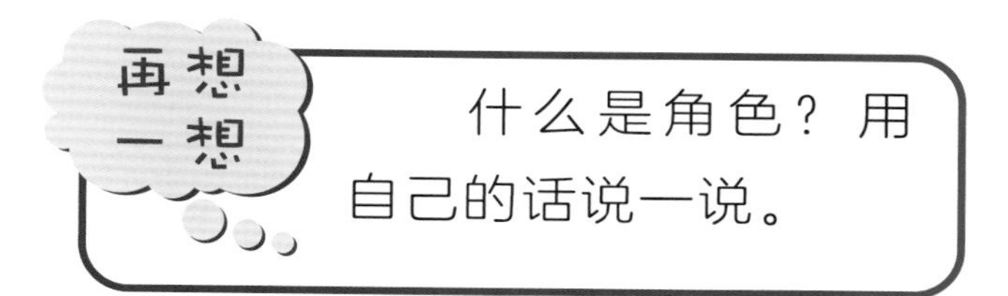
再想一想

什么是角色？用自己的话说一说。

单击绿色旗帜，什么都没发生。

单击角色，程序将启动。

角色会在空白屏幕上移动。如果选择了背景，角色会在背景上移动，下图就是一个例子。

4.3 改变造型

本课中

你将学习：

➔ 向程序添加新积木块。

中文界面图

活动

我们在程序中添加启动积木块，可以有多个选择。

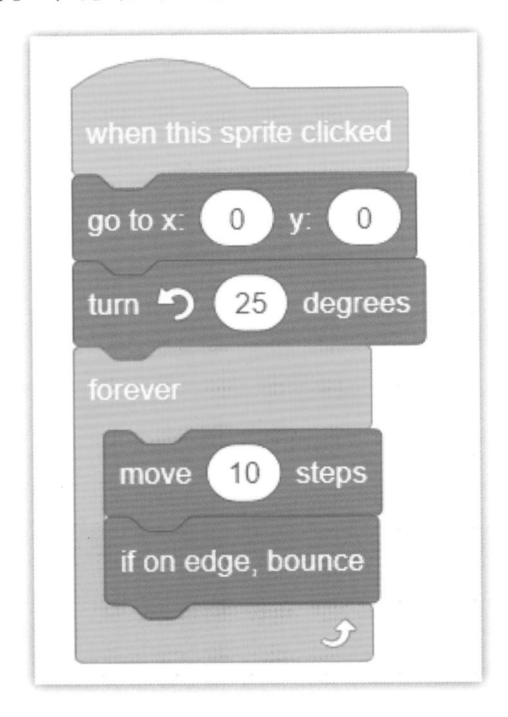
when this sprite clicked
go to x: 0 y: 0
turn 25 degrees
forever
move 10 steps
if on edge, bounce

屏幕上有一个紫色的积木块。现在，你将把该积木块添加到程序中。

紫色积木块会改变Scratch猫的外观。Scratch猫可以在两种外观之间互换。这些外观被称为**造型**。

换外观，让Scratch猫的腿动来动去。下图中的积木块上写着next costume（下一个造型）。

next costume

你要把紫色外观积木块放进程序里。

首先，你必须把积木块分开。

其次，你可以添加紫色外观积木块，一定要把它放在正确的地方。

最后，再把积木块拼装在一起。

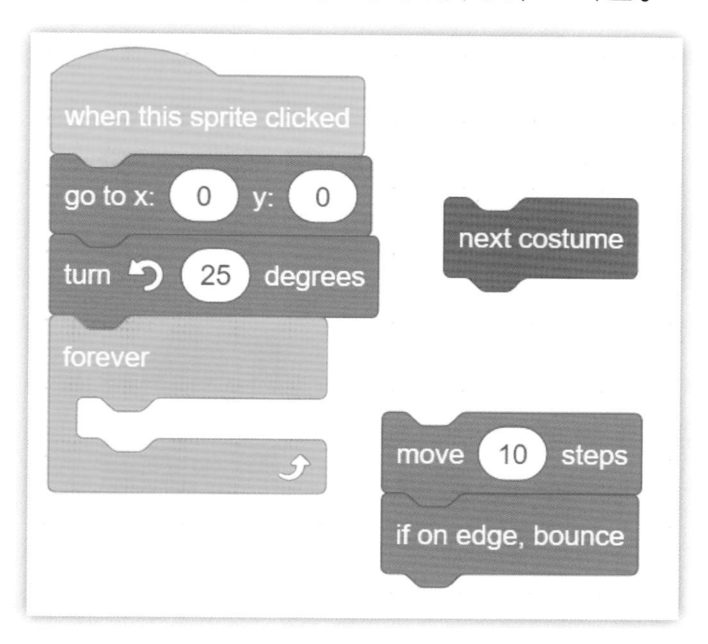
when this sprite clicked
go to x: 0 y: 0
turn 25 degrees
forever
next costume
move 10 steps
if on edge, bounce

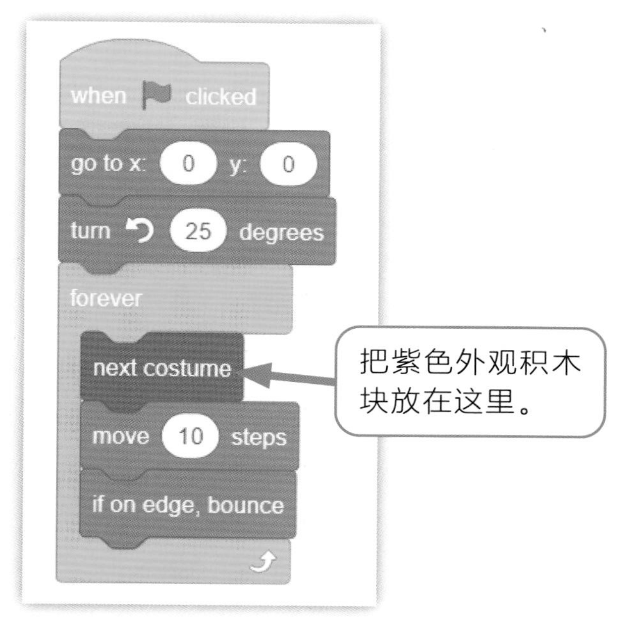
when clicked
go to x: 0 y: 0
turn 25 degrees
forever
next costume
move 10 steps
if on edge, bounce
把紫色外观积木块放在这里。

启动程序，有什么不一样？

额外挑战

你还能把紫色积木块放在哪里？会发生什么？

4.4 其他角色

本课中

你将学习：

➔ 向程序添加额外的角色。

中文界面图

你以前看到过这个程序，它被称为刺猬游戏。Scratch猫一定要躲开刺猬。

Scratch猫是角色。程序让角色移动。

按空格键开始游戏。

这个游戏有两个角色。现在你要在游戏里多加一只刺猬。

创造力

画一张Scratch猫和刺猬的画。

你将在游戏中添加另一只刺猬。

屏幕的这一部分显示了角色。

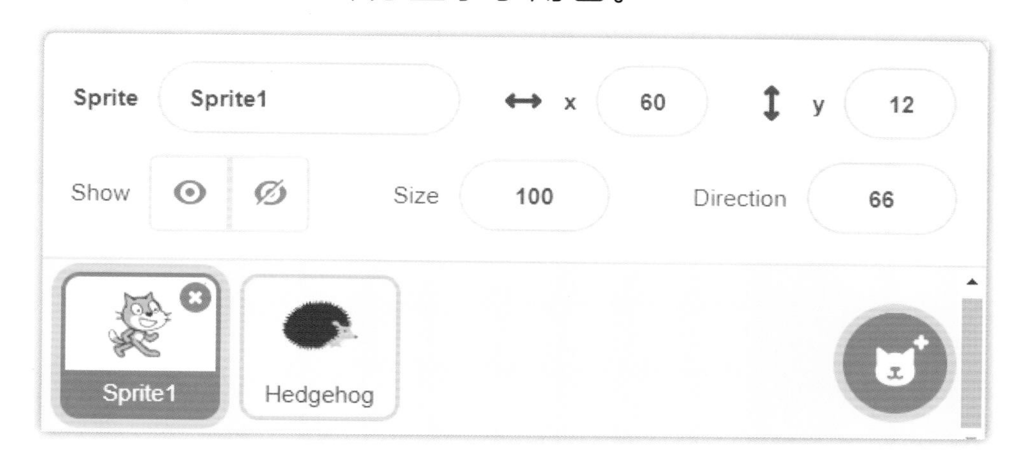

将鼠标指针移向刺猬。

右击鼠标。右击是指单击鼠标上右边的按钮。

你会看到这个菜单。

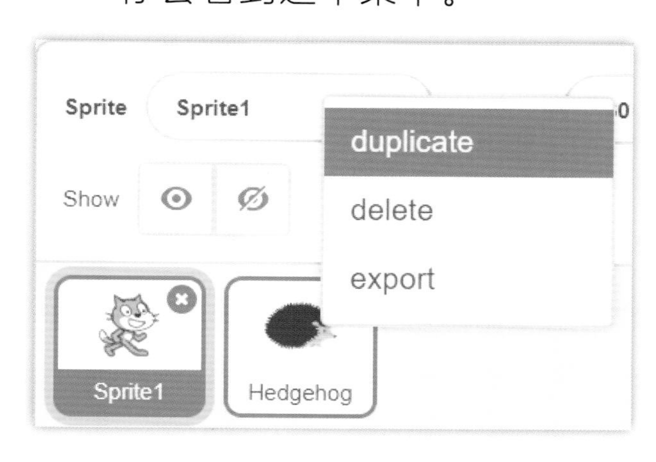

选择duplicate（**复制**）。复制意味着生成两个相同的角色。

单击屏幕上的任意位置，然后按空格键开始游戏。现在有两只刺猬。

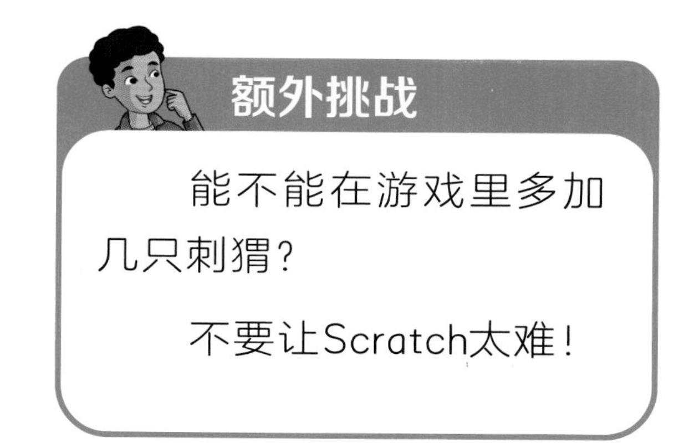

额外挑战
能不能在游戏里多加几只刺猬？
不要让Scratch太难！

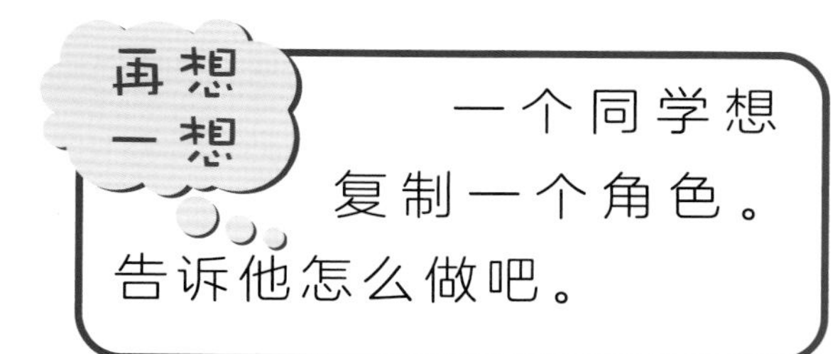

再想一想
一个同学想复制一个角色。告诉他怎么做吧。

4.5 学习新积木块

本课中

你将学习：

➔ 如何找到你想要的积木块。

程序是这样的。当你按任何键时，程序就会开始。

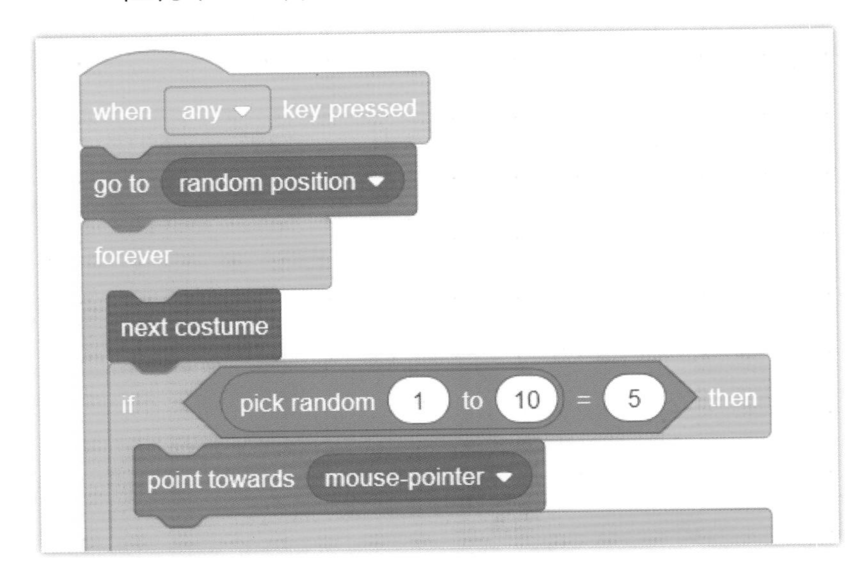

第一个积木块是启动积木块。

现在，你将更改启动积木块人，把启动积木块更改为绿色旗帜积木块。

新积木块存储在屏幕的左侧。

额外挑战

单击刺猬角色，改变刺猬的启动积木块。

说出你开始游戏的不同方式。

活动

下图左边是彩色的点。单击黄色的点。

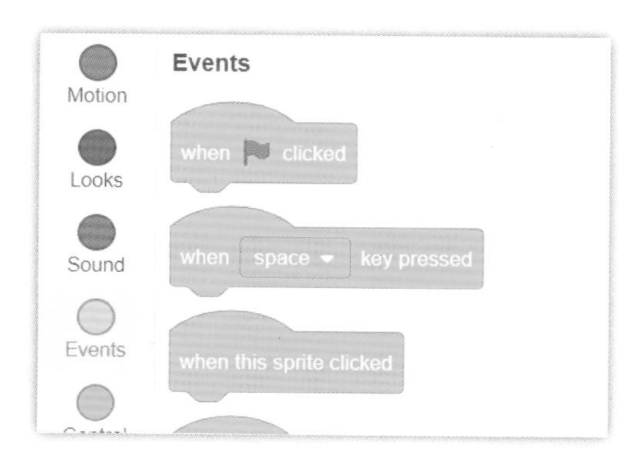

有很多种启动积木块。找到绿色旗帜积木块。

将**积木块**拖到程序中。拖动是指按住鼠标左按钮并移动鼠标。

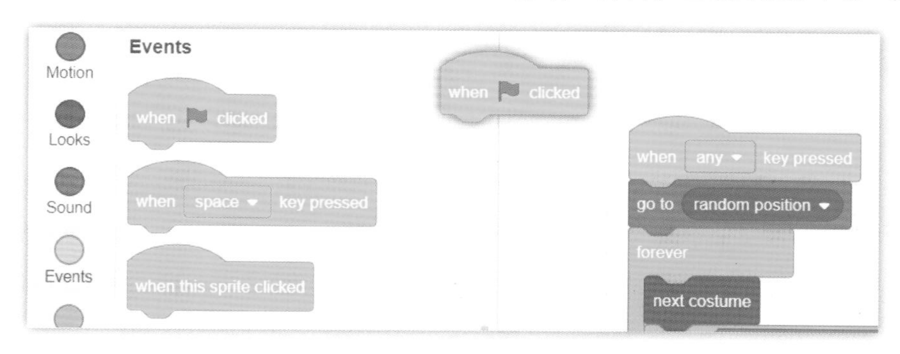

将旧的启动积木块从程序的众多积木块中取出，使绿色旗帜积木块拼装到程序中。

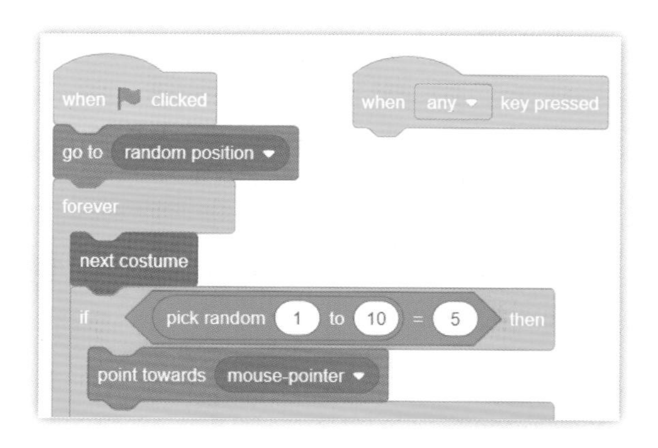

玩游戏。绿色旗帜将启动游戏。

4.6 Scratch能说什么

本课中

你将学习：

➔ 如何改变Scratch的话语。

中文界面图

当Scratch猫触碰到刺猬时，他说：“哎呀！”

使Scratch猫说话的积木块是这样的。

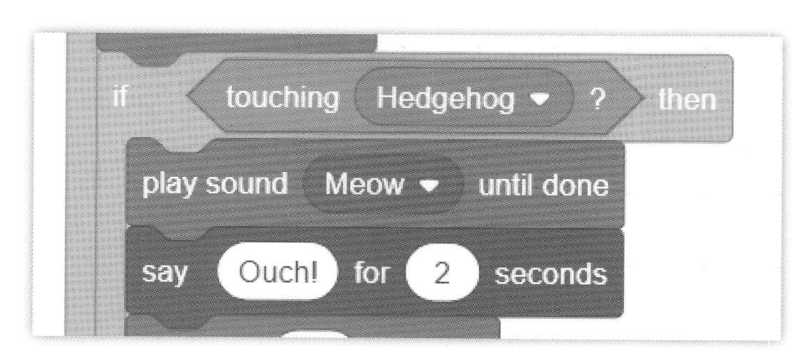

现在你要换积木块了。让Scratch猫说点其他的话。

写出你让Scratch猫说的话。

活动

找到Scratch猫说“哎呀！”的积木块。

找到单词。

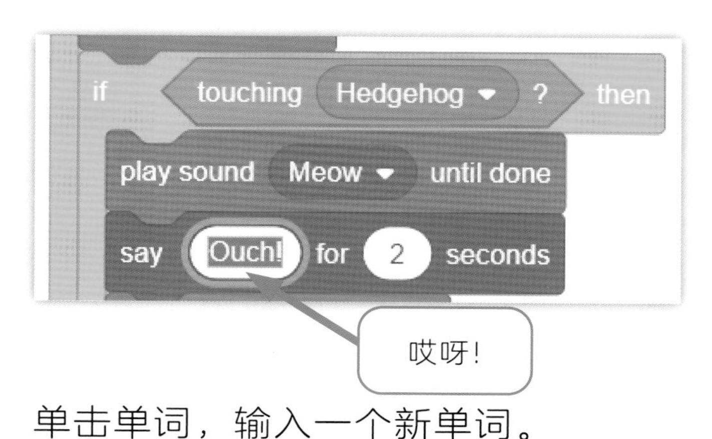

单击单词，输入一个新单词。

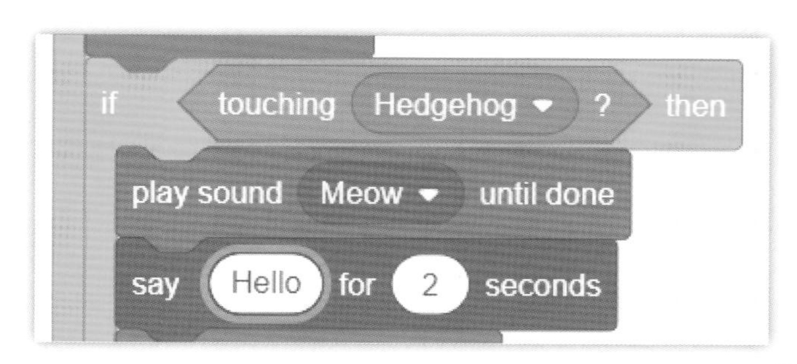

玩游戏。Scratch猫会说新单词而不是“哎呀！”

探索更多

跟别人聊聊计算机游戏。他们喜欢玩计算机游戏吗？说说原因。

额外挑战

有些积木块里有数字。换一些数字，看看改变数字将如何改变游戏。

测一测

你已经学习了：

➔ 组成程序的积木块的知识；

➔ 对程序进行更改。

中文界面图

这是一个Scratch程序。

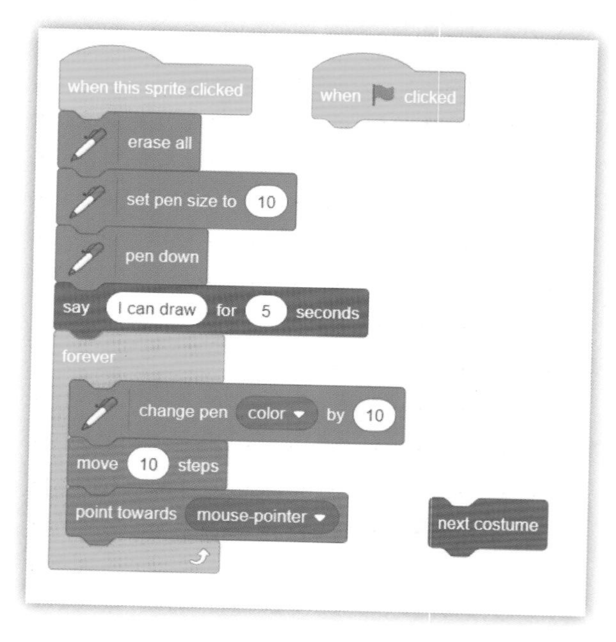

尽可能多地做这些活动：

1. 启动程序，移动鼠标，看看会发生什么。
2. 更改该程序的启动积木块。
3. 将额外的紫色积木块添加到程序中。
4. 更改程序，让角色说“Hello”。

写出或告诉老师你做了什么。

测试

这是一个Scratch程序。

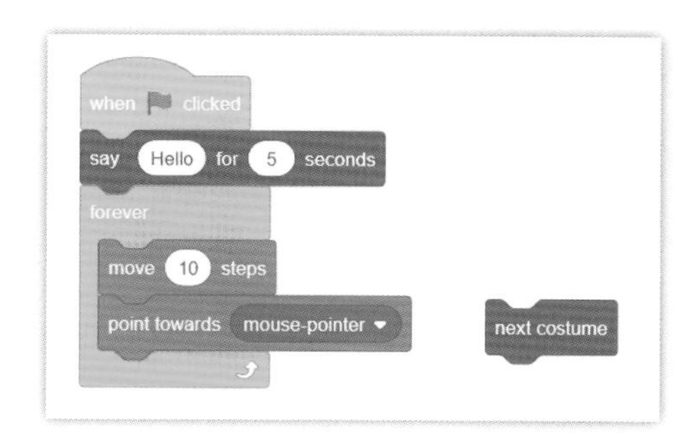

❶ 指向使程序启动的积木块。

❷ 你怎样做才能使这个程序启动呢?

❸ 说一个你可以对程序做出的改变。

自我评估

- 我回答了测试题1。
- 我做了活动1。
- 老师看见我安静并安全地工作。
- 我回答了测试题1和测试题2。
- 我做了更多的活动。
- 我把自己做过的事告诉了老师。
- 我回答了所有的测试题。
- 我做了所有的活动。
- 我解释了自己做了什么。

重新阅读本单元中你不确定的部分，再试一试这些测试题和活动，这次你能做得更多吗?

多媒体：有趣的面孔

你将学习：

- ➔ 如何在计算机上绘制线条和形状；
- ➔ 如何给计算机上的图像上色；
- ➔ 如何在屏幕上移动图像。

你喜欢画什么？你可以用计算机画画。

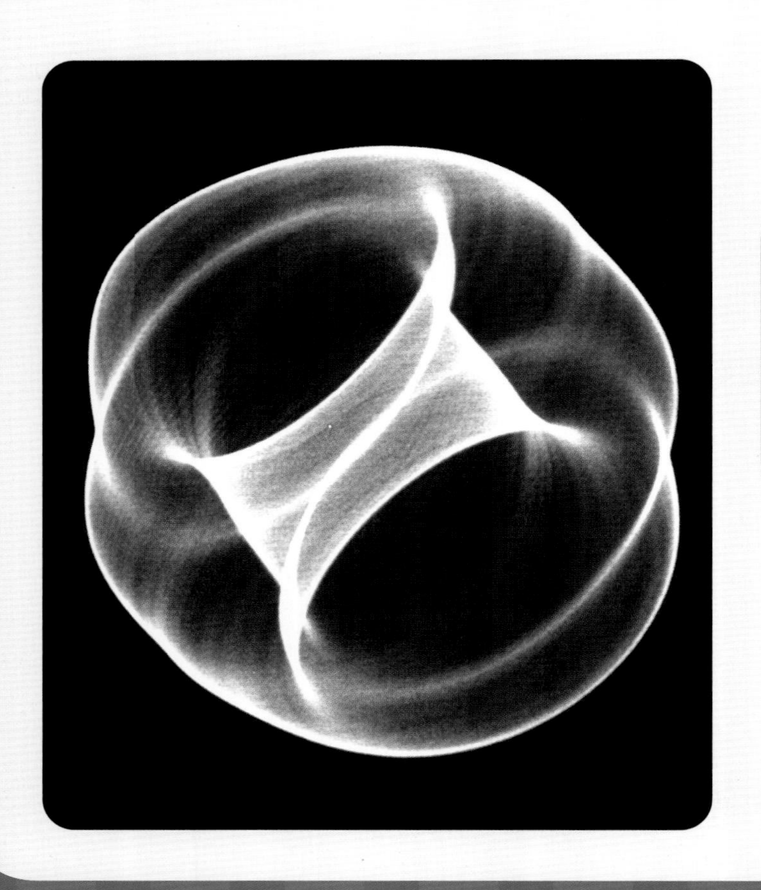

谈一谈

人们使用计算机来改变他们在照片中的外观。对此你怎么看？

学习成果：使用计算机软件制作简单图像。

课堂活动

看看杂志、书或报纸。

哪些图片是用计算机画的？

哪些图片是手绘的？

画布　工具栏
形状　图像
文件　双击

你知道吗？

自20世纪50年代以来，人们就一直使用计算机来绘图和着色。本·拉普斯基用一台测量电子信号的机器画出了一个美丽的形状。形状是某个物体的轮廓，例如，圆形或正方形。

5.1 画布

本课中

你将学习：

→如何在计算机上画画。

中文界面图

用计算机画画

你可以用鼠标在计算机上画画。如果你有平板计算机，你可以用手指画画。

你可以画线条和形状。

画线

这里有一个绘图程序①，白色区域称为**画布**。

画布是你可以画画的地方。

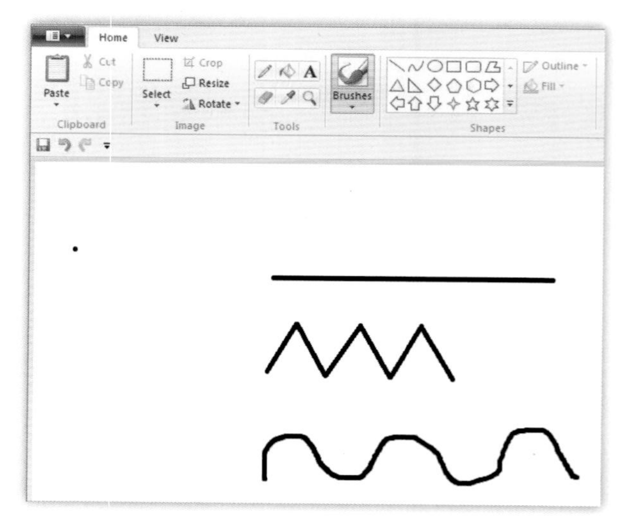

① 译者注：例如Windows附件中的“画图”程序。

画布上方是一个工具栏，工具栏是一行按钮。单击一个按钮选择计算机将做什么。

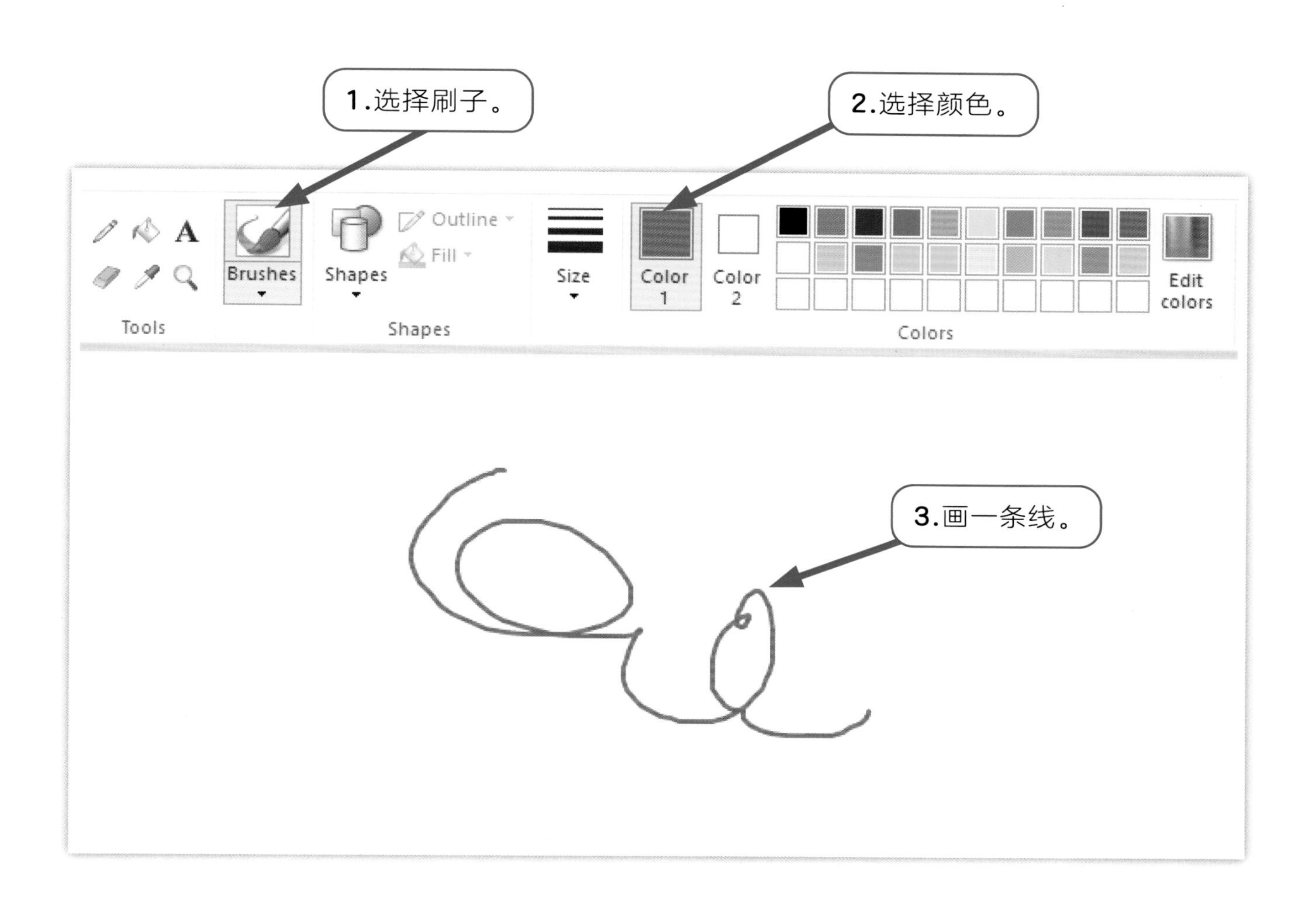

活动

在画布上画一张脸。

额外挑战

哪个按钮改变画笔的大小？看看当你单击按钮时会发生什么。

再想一想

在纸上画一幅画，然后试着在屏幕上画。

5.2 绘制形状

本课中

你将学习:

➔ 如何画形状。

中文界面图

形状

您可以使用形状制作令人惊叹的图像。图像是完整图片或图片的一部分。

右图中的图像是使用正方形和矩形绘制成的。

画一个形状

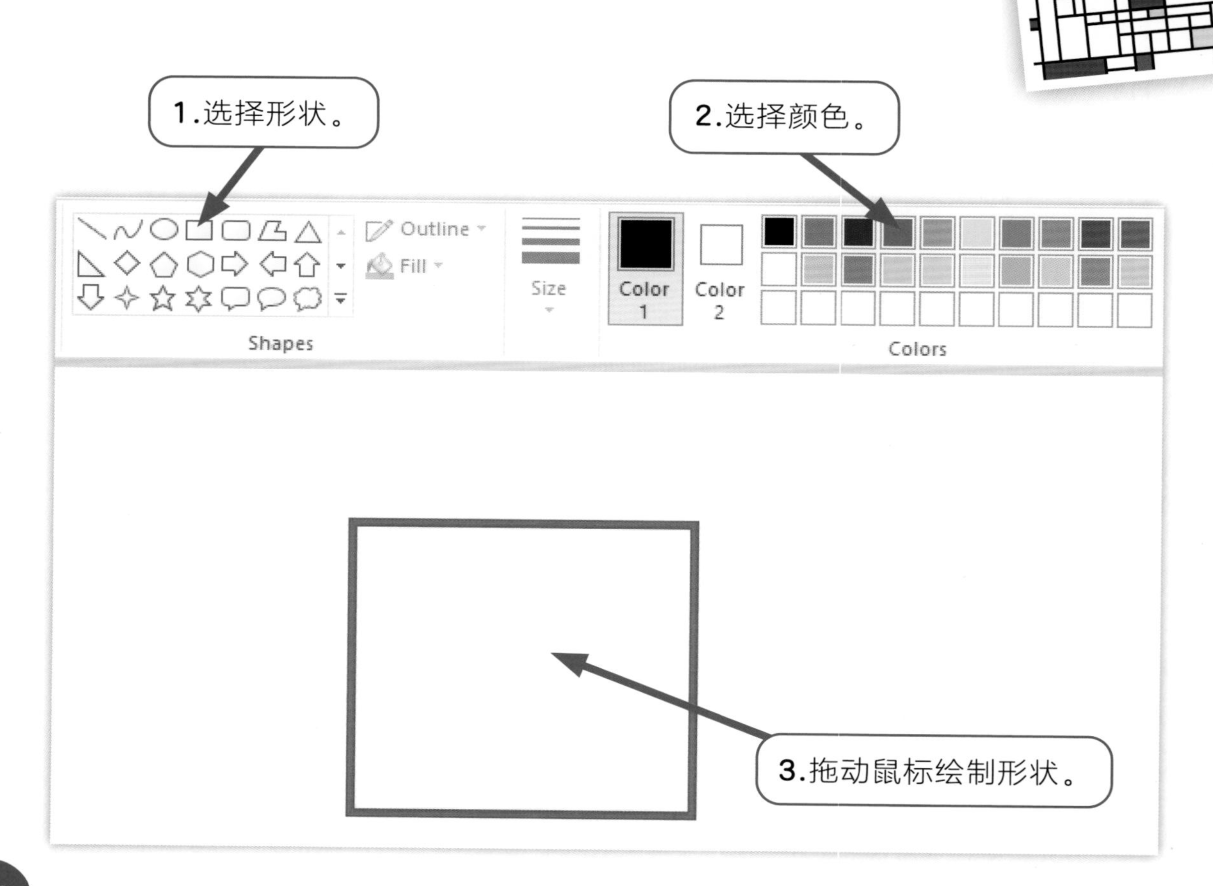

用颜色填充

用油漆桶形状的按钮将颜料"注入"你制作的形状中。

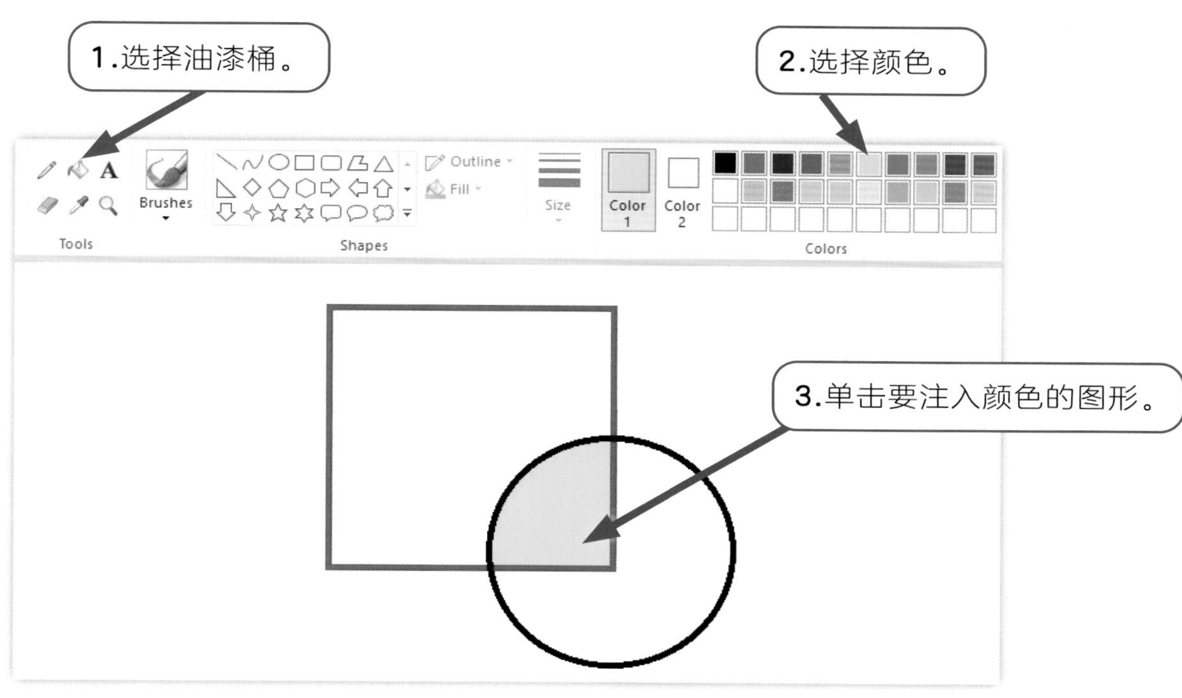

在屏幕上画一个形状，用颜色填充形状。

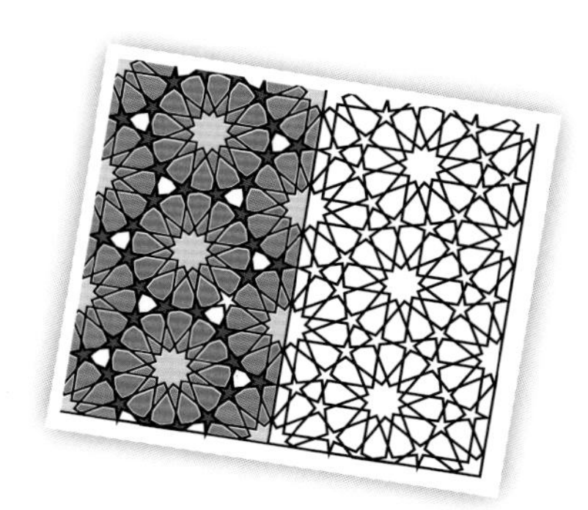

额外挑战

绘制重叠的形状。使用颜色填充重叠的区域。

你的图像给你什么感觉？你认为不同的颜色会让你有不同的感觉吗？

5.3 擦除与撤销

本课中

你将学习：

➔ 如何擦除错误。

中文界面图

出错

画画可能很难。有时我们会画错。

画画出错了怎么办?

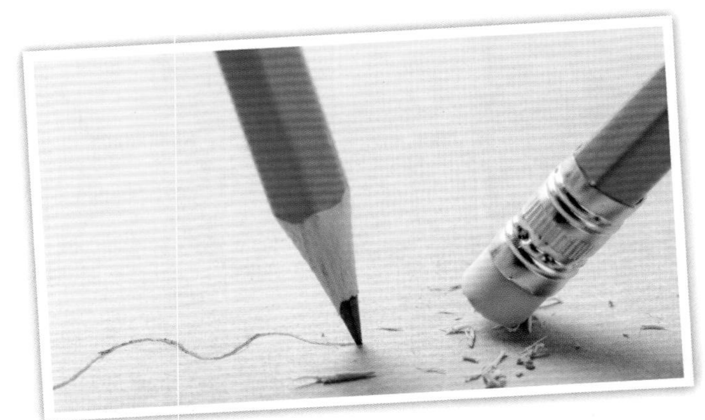

擦除

你可以用橡皮擦掉纸上的错误。绘图程序也有“橡皮擦”。

撤销

假如你在一个图像上做错了什么，那怎么办呢？撤销（undo）会撤回你所做过的事情。按住键盘上的Ctrl键，再按下键盘上的字母Z。

活动

画一张用圆圈代表鼻子的脸。擦掉它，代之以一个三角形。哪个最好呢？

额外挑战

通过组合形状来画一张脸。现在用线条画一张脸。哪个最好？

再想一想

艺术家使用许多不同形状的鼻子。

你能看到这位艺术家使用的所有形状和颜色吗？

5.4 保存供以后使用

本课中

你将学习：

➔ 如何保存你的工作成果。

中文界面图

保存是什么意思

当你关掉计算机，你的工作成果就丢失了。

但你可以把工作成果保留下来，以备下次再做。

在屏幕上画一个图像，然后保存该图像。

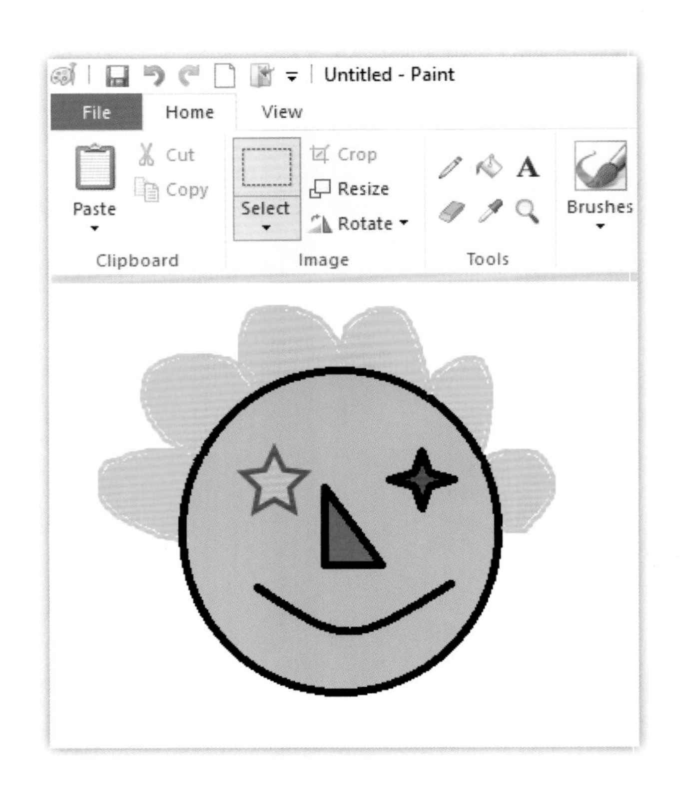

如何保存

找到Save（保存）按钮。Save按钮位于屏幕顶部。

单击Save按钮，该按钮会保存你的工作成果。

文件名

你的工作成果被保存为一个**文件**。文件是在计算机上保存信息的地方。给文件输入一个名称。

文件名：	funny face
存储类型：	24位位图 (*.bmp;*.dib)

文件名应该能够提示你文件中的内容。

新图像

现在你的工作成果已保存，你可以开始一个新的图像。单击New（新建）按钮制作新图像。

你将看到一个新的空白画布，准备制作你的下一个图像。

画一张脸，使用文件名“脸”保存这幅图像。

额外挑战

开始新的图像，使用新文件名保存新图像。

好的文件名由什么组成呢？

5.5 找回文件

本课中

中文界面图

你将学习：

- ➔ 如何打开保存的文件；
- ➔ 如何对文件进行修改并再次保存。

打开文件

当你开始工作时，你会看到一个新的空白屏幕。

现在你将打开上次保存的文件。

单击Open（打开）按钮。

你将看到你保存的所有图像。

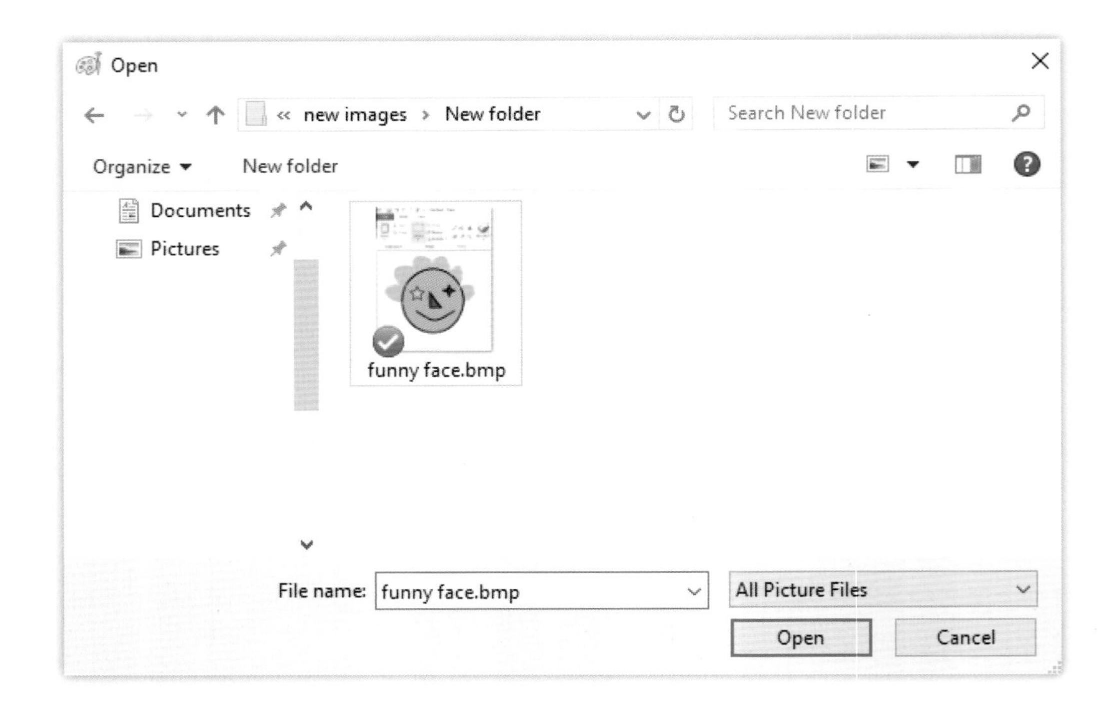

双击要打开的文件。双击意味着快速单击两次。

修改

现在你可以对图像进行修改。你可以用橡皮擦把东西擦掉，或者在旧图像上面绘图。

用新名称保存

单击屏幕顶部的File（文件）一词，从菜单中选择Save as（另存为）。

输入新文件名。

打开上次创建的文件，进行一次修改，然后使用Save按钮保存文件。

使用Save as（另存为）以新文件名保存文件。

为什么能够修改自己制作的图片或幻灯片是非常有用的？

5.6 移动和交换

本课中

你将学习：

➔ 如何选择和移动部分图像。

交换鼻子

一个学生画了两张有趣的脸，然后准备尝试交换它们的鼻子。

选择

你可以在你制作的图像上选择一部分，单击Select（选择）按钮。

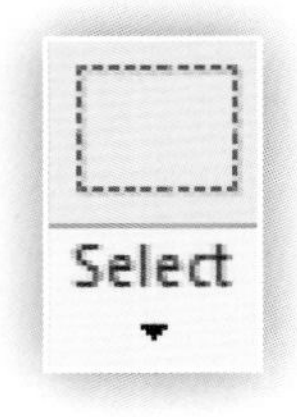

现在拖动鼠标，你可以拖动一条线到屏幕上的任何位置。

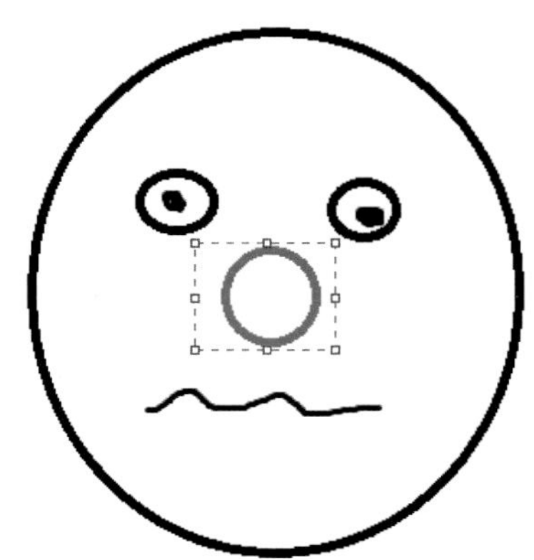

移动

现在可以拖动所选部分。你可以把它搬到新的地方去，或者是创建一张新面孔！

有学生把两个人的鼻子交换了一下。

活动

画两张有趣的脸，交换鼻子，就像你在这里看到的。

额外挑战

画两只动物，比如一只猫和一只老鼠。使用选择和移动来交换动物的尾巴。

探索更多

用多种颜色和形状画一张有趣的脸。现在试着用计算机软件画脸，在课堂上展示两种类型的图像。

测一测

你已经学习了：

➔ 如何在计算机上绘制线条和形状；

➔ 如何给计算机上的图像上色；

➔ 如何在屏幕上移动图像。

测试

这是一个学生用计算机制作的图像。

通过展示或讲述来回答问题。

❶ 展示或讲述如何制作星形。

❷ 展示或讲述如何擦掉蓝色星星。

❸ 展示或讲述如何将红星移到一个新的地方。

活动

这张图片展示了一所房子。它由一个三角形和一个正方形组成。

1. 画出房子的正方形，再画一个三角形屋顶。

2. 加窗加门。

3. 使图像更加丰富多彩。如果你有时间，给你的房子增加一些别的东西。你可以加一个烟囱、窗帘或门把手。

自我评估

- 我回答了测试题1。
- 我做了活动1。
- 我回答了测试题1和测试题2。
- 我做了活动1和活动2。
- 我回答了所有的测试题。
- 我做了所有的活动。

重新阅读本单元中你不确定的部分，再试一试这些测试题和活动，这次你能做得更多吗？

数字和数据：旧玩具

你将学习：

- 如何将单词和数字输入计算机；
- 如何更改存储在计算机上的单词和数字。

计算机可以存储数字。

计算机能算出求和的答案。

谈一谈

你认为很久以前孩子们有什么样的玩具？

学习成果：将单词和数字输入计算机。

课堂活动

你的老师会说出孩子们很久以前玩的不同玩具的名字。如果你喜欢这个玩具，请举手。哪个玩具被举起的手最多？

单元格　电子表格
标签　值　数据
编辑　选择

你知道吗？

我们今天在电子表格中使用的数字，1、2、3等，是一千多年前在印度和阿拉伯发展起来的。

6.1 旧玩具

本课中

你将学习：

➔ 如何使用计数法查找数字；

➔ 如何记录你的答案。

计数

想象你是一个考古学家。

考古学家是通过挖掘人们制造的东西来发现过去人们的情况。他们持续挖掘寻找旧东西。

想象你在挖掘，发现一些旧玩具。

活动

看看你找到的所有旧玩具！

写“球”这个词。在它旁边，写下你看到了几个球。

写“熊”这个词。在它旁边，写下你看到了几头熊。

写“汽车”这个词。在它旁边，写下你看到了几辆车。

探索更多

数一数你在家里、报纸或杂志上看到的玩具。

你能看到哪些不同种类的玩具？

未来的数字公民

什么样的工作需要使用数字？

6.2 单元格

本课中

你将学习：

➔ 电子表格是什么；

➔ 如何在电子表格中选择单元格。

中文界面图

电子表格

电子表格在屏幕上看起来像一个网格，有线有格子。

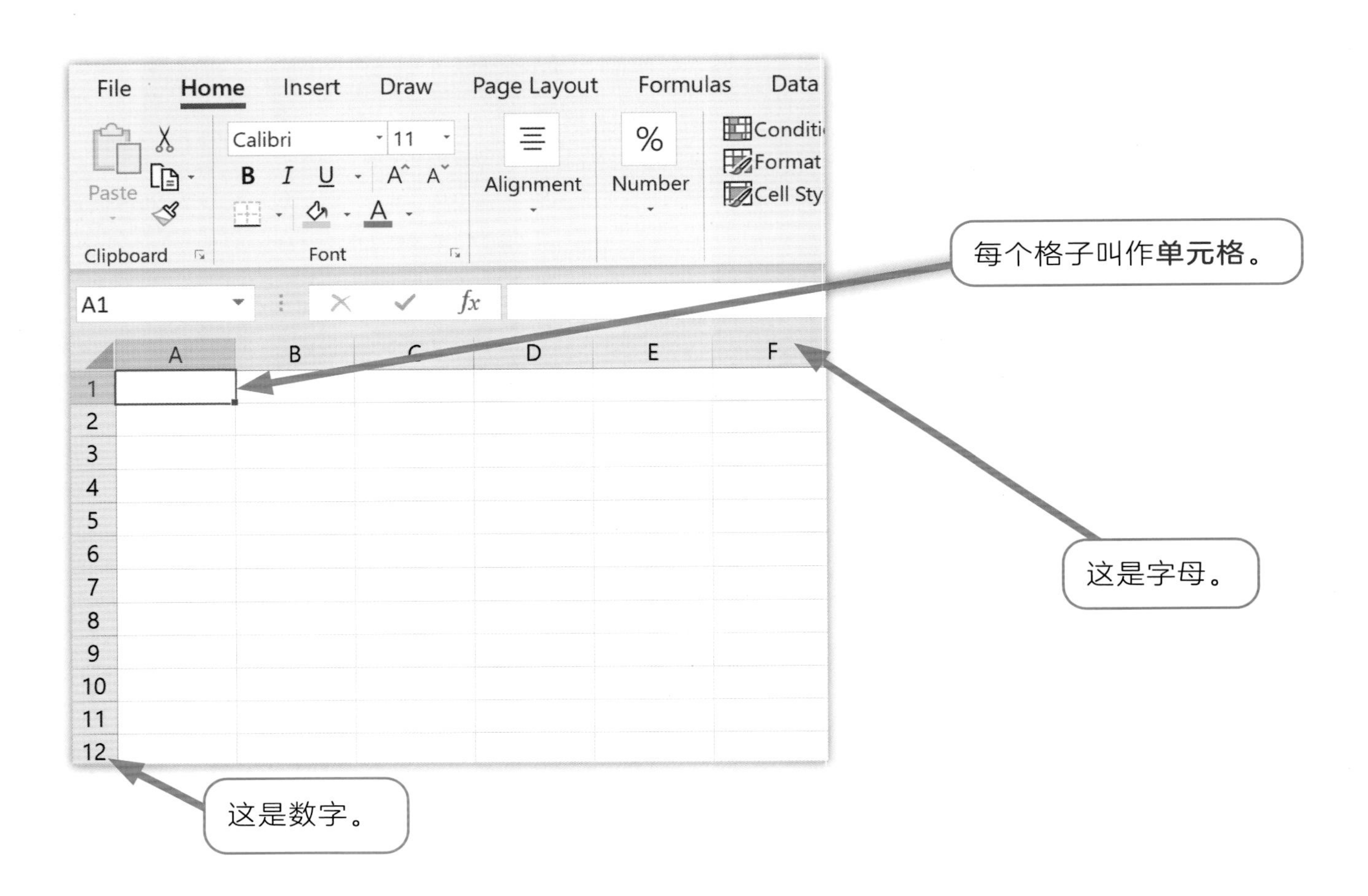

你可以使用字母和数字来命名每个单元格。

第一个单元格是A1。该单元格位于A列。该单元格在第1行。

选择一个单元

将鼠标指针移动到单元格上。鼠标指针看起来像一个十字。

点击鼠标左键，**选择**单元格。选择表示你已经选定了该单元格。

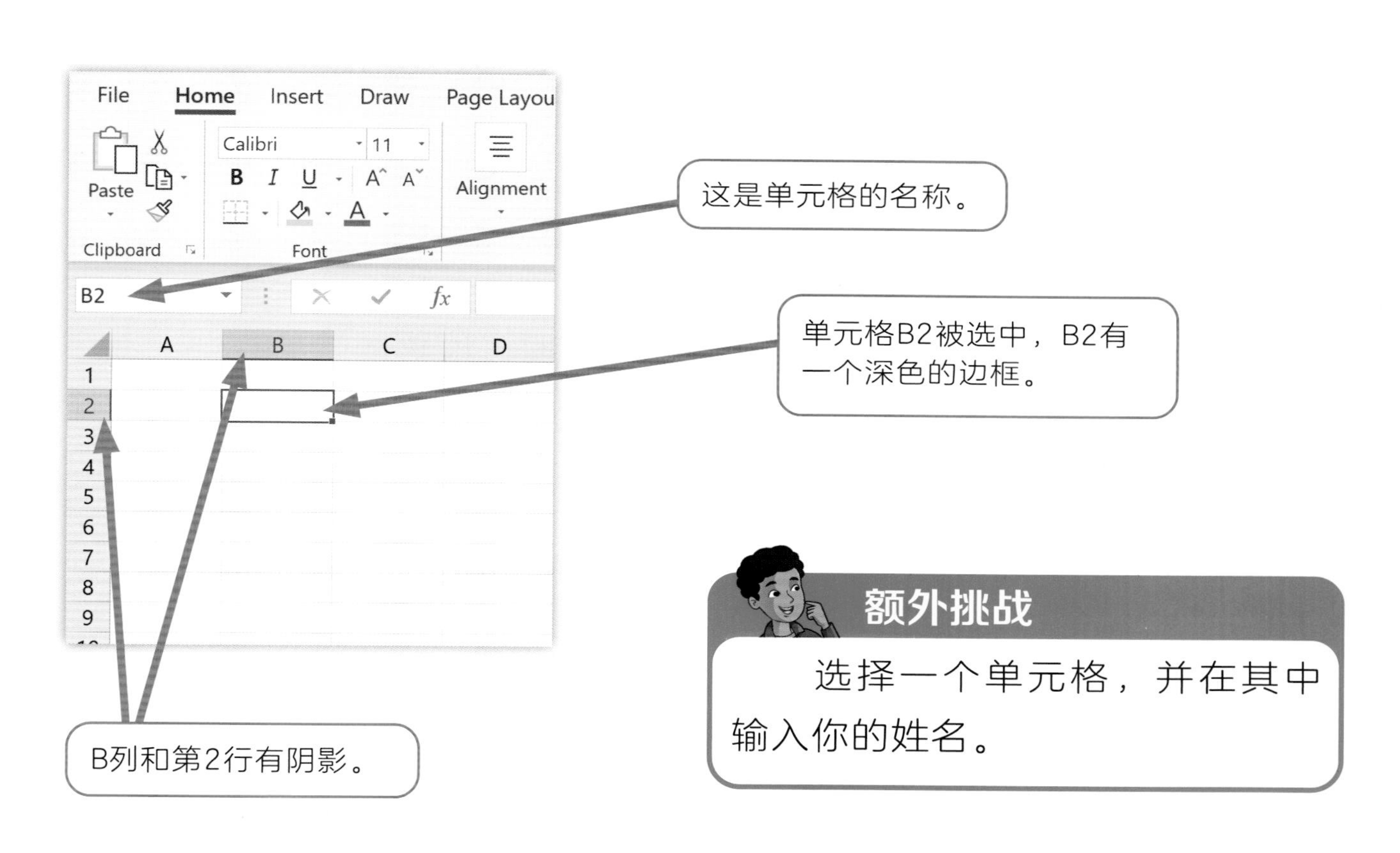

额外挑战

选择一个单元格，并在其中输入你的姓名。

你将看到一个电子表格在你的屏幕上打开。将鼠标指针移动到下列单元格上：

A1　C3　E8　B4　F10

单击选择每个单元格。

再想一想

数据是我们输入计算机的信息的名称。名字是数据的一个例子。你能想到其他类型的数据吗？

6.3 标签

本课中

你将学习：

- 标签是什么；
- 如何在电子表格中输入标签。

标签

你可以在电子表格中使用**标签**来谈论数据。标签是一个词，或者是少量的几个词。

电子表格的顶部是这样的。

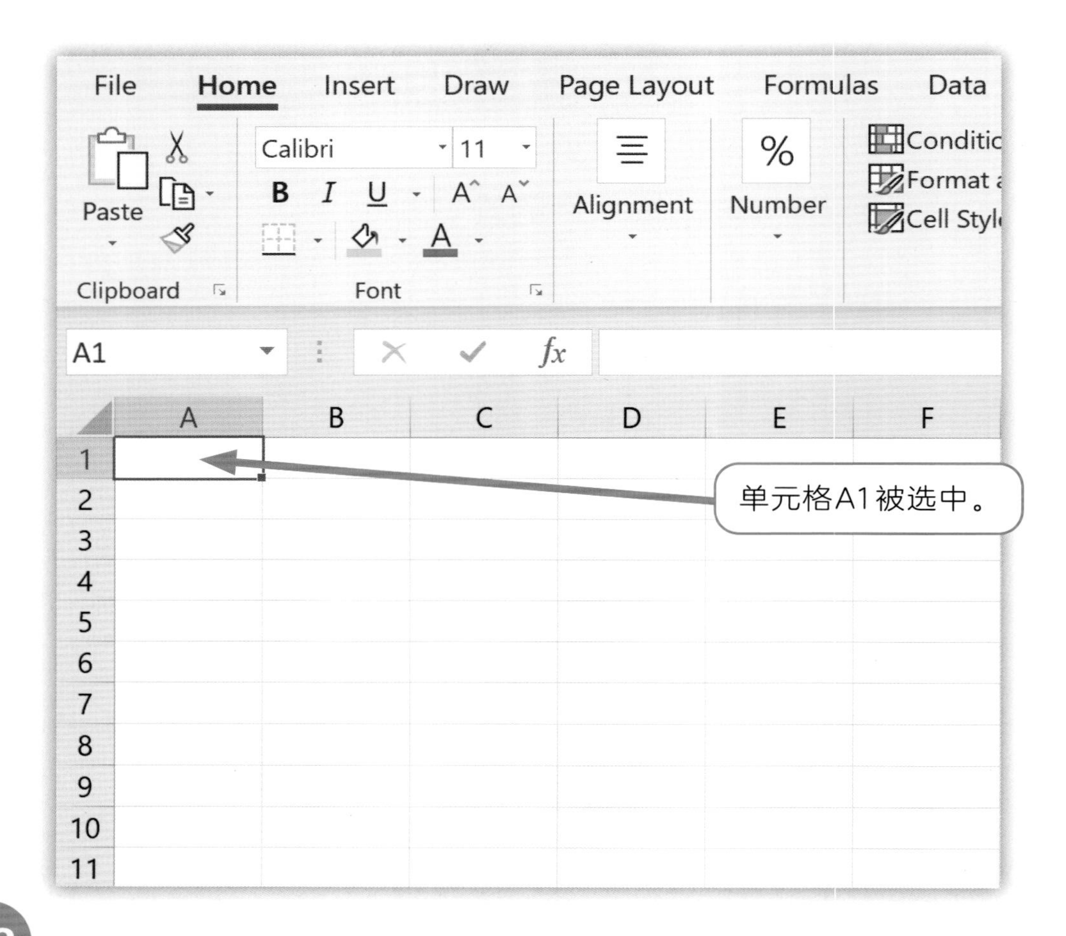

想象你是一个考古学家，正在寻找旧玩具。

你要列出你找到的玩具。

你可以在单元格中输入标签。

单击单元格A1。

输入标签Toys（玩具）。

按Enter键。

你的电子表格应该如下图所示。

再想一想

电子表格中的哪个单元格有标签？

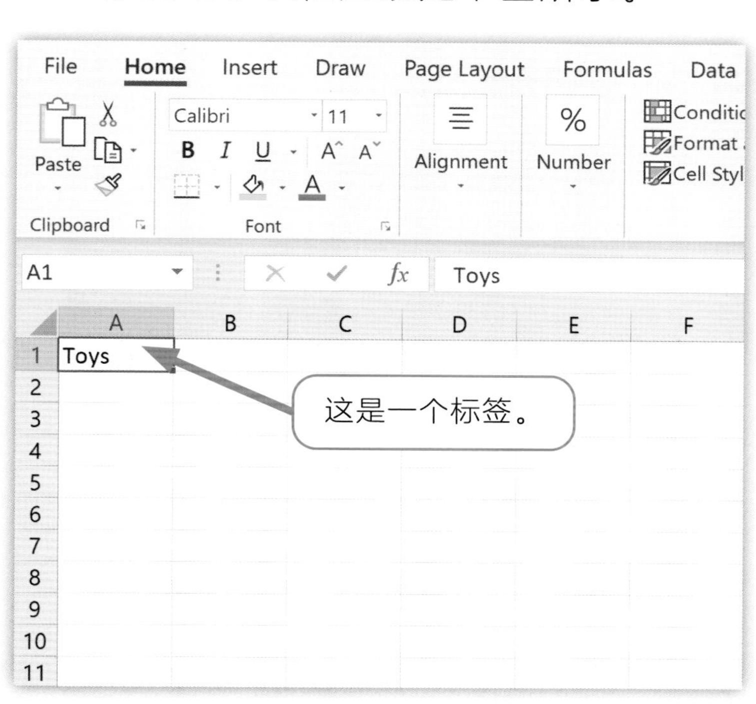

将你的电子表格保存为名为Toys的文件。

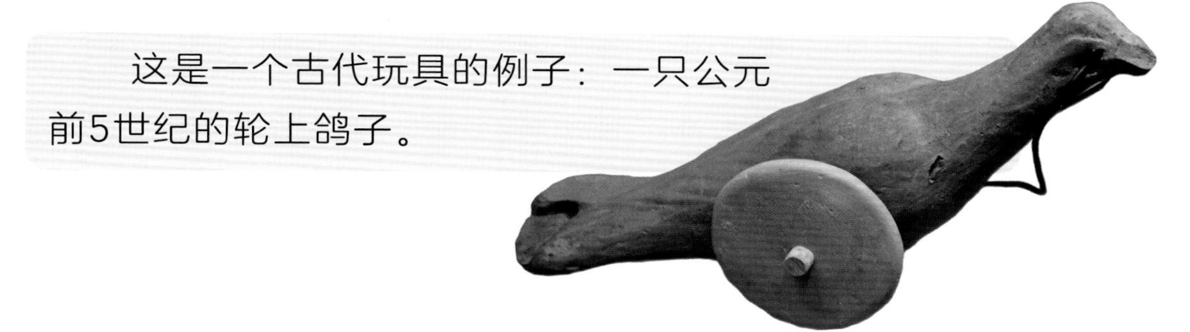

这是一个古代玩具的例子：一只公元前5世纪的轮上鸽子。

6.4 表格的制作

本课中

你将学习：

➔ 如何在电子表格中制作表格。

中文界面图

打开文件

打开你的名为Toys的文件。

用鼠标左键单击File（文件），如下图所示。

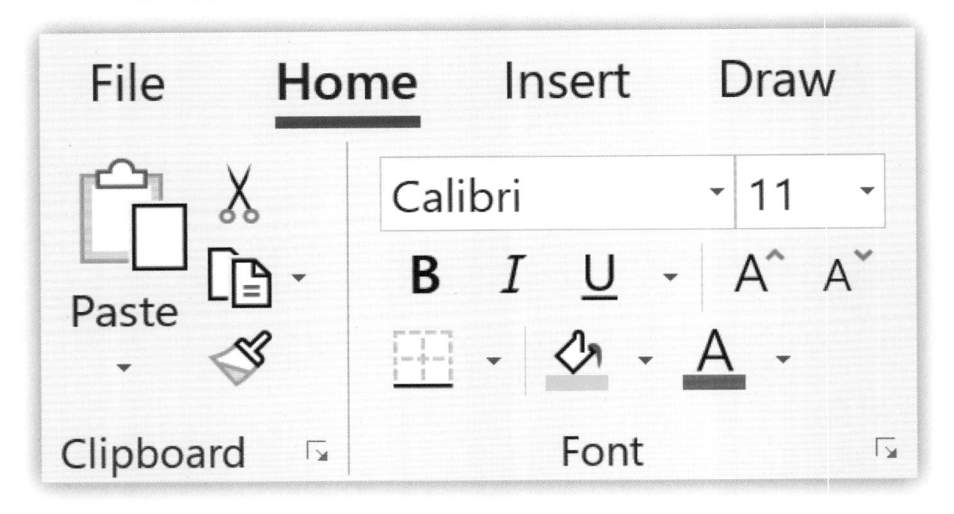

用鼠标左键单击Open（打开）。

用鼠标左按钮单击Toys文件。你可能需要双击。**双击**表示快速单击两下。

想象你是一个考古学家，你将为你在挖掘中发现的玩具添加标签。

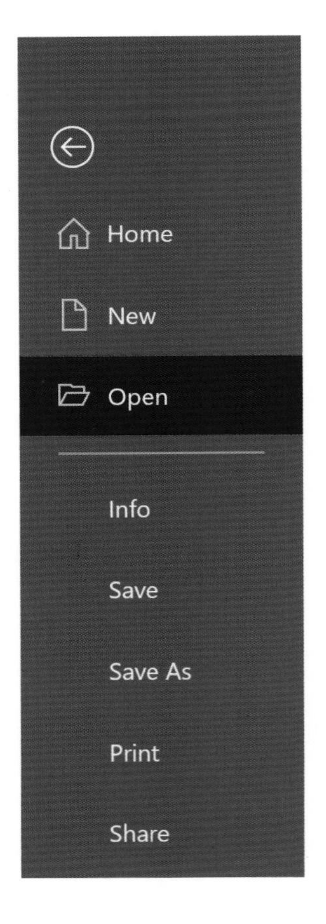

在你的电子表格中列出很久以前孩子们玩过的玩具类型。

在单元格A2中输入ball（球）。	
在单元格A3中输入doll（玩偶）。	
在单元格A4中输入board game（棋）。	
在单元格A5中输入animal（动物）。	

再说出一种你可以添加到这个列表中的玩具。

6.5 数值

本课中

你将学习：

- 电子表格中值是什么；
- 如何在电子表格中输入值。

电子表格中的数字称为**数值**。

每个单元格包含一个标签或一个值。

现在你要输入每个玩具的值。

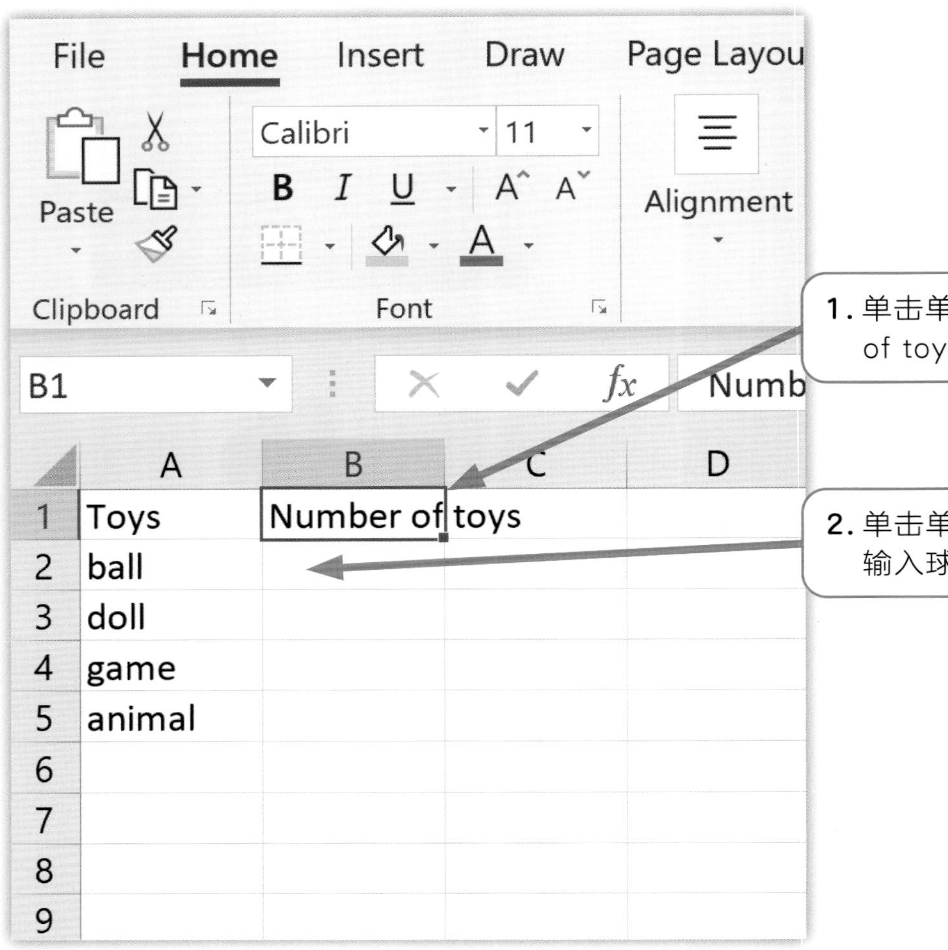

活动

在电子表格中的每个标签旁边输入数值。你可以选择你喜欢的任何数字。

想想很久以前孩子们可能有多少玩具。

记得保存你的文件。

未来的数字公民

这是古埃及儿童玩的球。

你认为很久以前孩子们有很多玩具吗？还是他们只有少量几个玩具？

你能想象未来会有什么样的玩具吗？

再想一想

想出另外两个玩具，你可以添加到电子表格的A列中。

6.6 编辑

本课中

你将学习：

→ 如何编辑电子表格中的值。

中文界面图

改变值

想象你是一个考古学家。你已经把旧玩具的信息输入电子表格。

现在想象你找到了更多的玩具！你需要更改电子表格中的值。**编辑**时，你可以对文件进行更改。

打开你的名为Toys的文件。

查看电子表格中的标签和值。

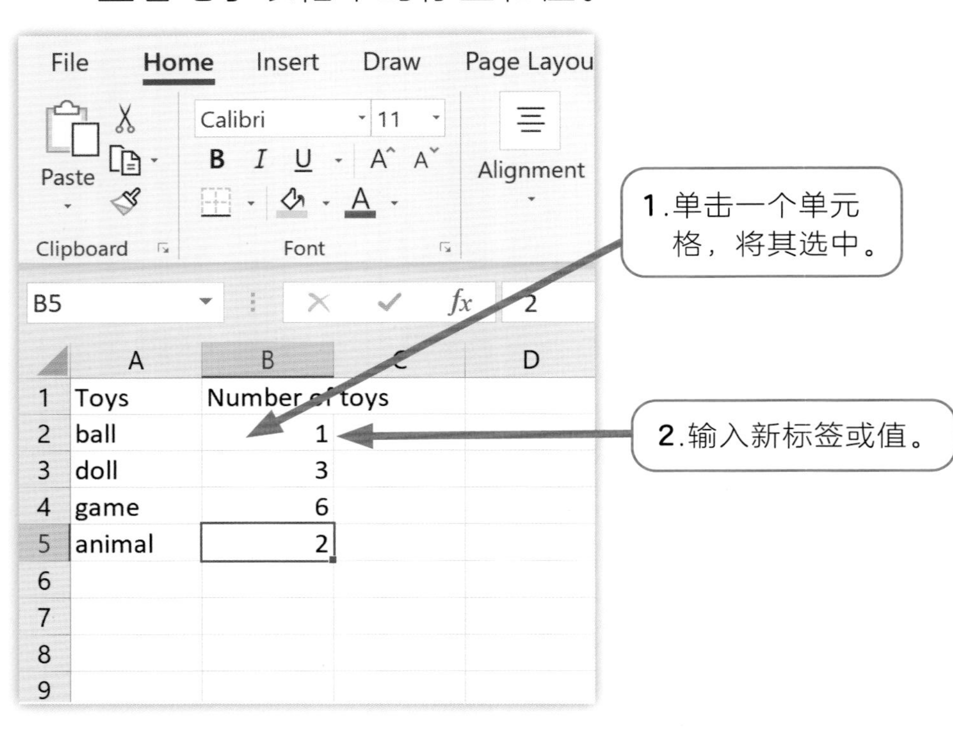

现在按键盘上的Enter键。

更改电子表格中的值。

加一个球。	
加三个玩偶。	
加两个棋。	
加一颗弹珠。	
加一个动物。	

将你的文件保存为Found toys edited（“编辑后的已找到玩具”）。

测一测

你已经学习了：

➔ 如何将字词和数字输入计算机；

➔ 如何更改存储在计算机上的单词和数字。

中文界面图

这个电子表格叫作“玩具测试”。确保它是打开的，可以使用。

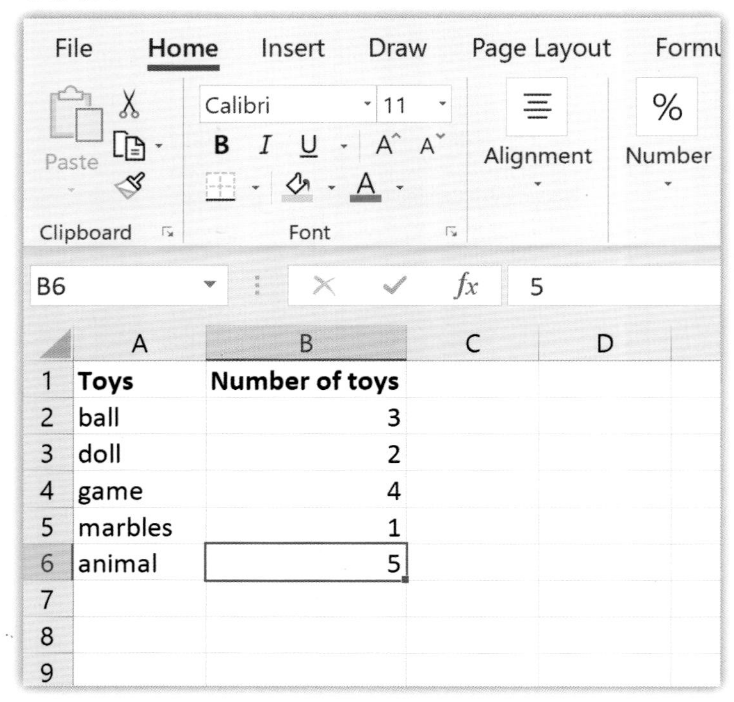

1. 在单元格A7中输入单词Teddy（泰迪）。
2. 在单元格B7中输入数字1。
3. 在空白单元格中输入你的姓名。
4. 用新文件名保存文件。

测试

展示或讲述你如何使用电子表格。

❶ 画出你用来选择单元格的东西。

❷ 命名你用来打字的东西。

❸ 单元格称为C3。解释这是什么意思。

自我评估

- 我回答了测试题1。
- 我做了活动1。
- 我回答了测试题1和测试题2。
- 我做了活动1和活动2。
- 我回答了所有的测试题。
- 我做了所有的活动。

重新阅读本单元中你不确定的部分，再试一试这些测试题和活动，这次你能做得更多吗？

词汇表

背景（backdrop）：背景是用Scratch制作程序时舞台后面的画面。

笔记本计算机（laptop）：你能方便携带的、体积很小的计算机。

编辑（edit）：对文件进行更改。

标签（label）：电子表格中的一个词语。

标题栏（title bar）：显示你正在处理的文件名，例如网页名称所在的地方。

菜单（menu）：可以选择操作的列表，例如，在网站上就有菜单。

超链接（hyperlink）：如果点击超链接，则移动到网站或互联网上的不同位置。

程序（program）：一套指令。指令告诉计算机该怎么做。

单元格（cell）：电子表格中的每个框。

电子表格（spreadsheet）：包含行和列的单元格网格，能把单词和数字放入其中。

复制（duplicate）：制作一个东西的备份。

个人信息（personal information）：关于你的生活的信息，例如你的姓名、地址或学校。个人信息既可以是文字，也可以是图片。

工具栏（toolbar）：图标的集合。如果你单击图标，计算机就会执行一些操作。

滚动（scrolling）：文件和网页可能很大。你在屏幕上不能看到完整的页面。滚动可以让你一次性地从始至终浏览整个页面。

互联网（internet）：世界上连接在一起的计算机。我们把所有这些相连的计算机称为互联网。

画布（canvas）：画布是计算机屏幕上的一块区域，你用软件绘制图形图像时在画布上画画、涂色。

积木块（block）：一个Scratch程序由积木块组成。多个积木块组合在一起构成一个形状。每个积木块都能使计算机执行一件事。

计算机（computer）：一种能够快速对数据进行更改的机器。

技术（technology）：人们用来完成任务或解决问题的任何机器都是技术的体现。

键盘（keyboard）：计算机上的一种设备，由字母、数字和符号的按键组成。按键盘上的按键时，字母、数字和符号会在屏幕上显示。

讲礼貌（courteous）：要有礼貌并且为他人考虑。

角色（sprite）：角色是屏幕上的图片。程序可以使角色移动。Scratch猫就是一个角色。

可视化输出（visual output）：屏幕显示的视觉输出。

浏览器（browser）：帮助我们在互联网上搜索和查看信息的软件。

内容（content）：我们能看到或创造的任何东西，例如互联网上展示的信息。

屏幕（screen）：在计算机上可以看到所输入的内容或其他信息的地方。

启动积木块（start　block）：一类Scratch积木块，它显示了什么动作将启动程序。

输出（output）：计算机展示的东西。例如，计算机通过扬声器输出声音或通过屏幕输出图片。

输入（input）：为控制计算机或将数据放入计算机而做的操作，可以使用键盘和鼠标进行输入。

鼠标（mouse）：用手或手指移动的小工具，用来移动屏幕上的鼠标指针。鼠标用于输入。

鼠标指针（mouse　pointer）：一个小箭头。当移动鼠标时，鼠标指针也会移动。

数据（data）：信息碎片，例如存储在电子表格中的数字。

双击（double-click）：快速单击两下。

搜索引擎（search engine）：通过输入计算机的字词搜索网站的软件。

Kiddle

Scratch：一种儿童编程语言。Scratch程序是由积木块组成的，每个积木块代表一个命令。

when clicked

图标（icon）：一张小图片。当你单击图标时，计算机会执行一些操作。

图像（image）：一幅图或一幅图的一部分。

拖动（drag）：按住鼠标左键，同时移动鼠标。拖动时，你会在屏幕上移动一些对象。

拖放（drag and drop）：将某物体在屏幕上移动并放置在其他地方。

网页（web page）：互联网上的一个页面。

有趣的老虎信息
在这里能找到很多有趣的老虎信息

网站（website）：一组网页。

文件（file）：一个在计算机上保存信息的地方。

舞台（stage）：舞台是角色移动的区域。

形状（shape）：物体的轮廓，例如圆形或方形。

选择（select）：用鼠标单击，在屏幕上选择一个项目，就可以处理和那个项目相关的工作了。电子表格中单元格就是一个例子。

右击（right-click）：单击鼠标右键。

语音输出（sound output）：计算机发出声音，这些声音就是语音输出。

运行（run）：运行程序时，计算机执行程序中的命令。

造型（costume）：在Scratch程序中，角色可以有不同的外观。例如，Scratch猫可以在两个不同的位置放置自己的腿。不同的外观都被称为造型。

值（value）：一个数据项，一个电子表格可以持有数字值。